Björn Marek

# Ford Capri

## 40 Jahre einer europäischen Legende

KOMET

**Abbildungsnachweis**
Ford-Werke GmbH, Köln; Archiv Marek;
Eddi Blümel (Seite 140, 141, 142, 143)
Covermotiv: Ford-Werke GmbH, Köln


www.komet-verlag.de
Autor: Björn Marek
Gesamtherstellung: KOMET Verlag GmbH, Köln
Producing: Hans-Joachim Schneider, Köln
ISBN 978-3-89836-893-3

# Inhalt



*→ Die Rückleuchten sind ab dem Modelljahr 1973 größer dimensioniert worden, hier ein GXL mit 3,0-l-V6 unter der nun bei allen Modellen gewölbten Haube (vorher lediglich den V6-Versionen vorbehalten).*

HB-LGC
FORD
CAPRI

# Zu diesem Buch

Genau vier Jahrzehnte ist es her, dass die europäischen Ford-Werke ihre Adaption des amerikanischen Ford Mustang ins Rennen um die Gunst der Käufer schickten. Niemand der Verantwortlichen hätte damals wohl zu träumen gewagt, dass der Capri beinahe ebenso viele Kunden-Begehrlichkeiten wecken würde, wie es das Pony-Car „made in USA" in seinem Heimatland tat.

Drei Generationen, ein Produktionszeitraum von 18 Jahren und insgesamt rund 1,9 Millionen verkaufte Exemplare definieren die Erfolgsgeschichte des sportlichen Ford Coupés, dessen sehenswerte Geschichte wir Ihnen auf den folgenden 144 Seiten nahebringen wollen. Dabei beleuchten wir nicht nur die Entstehung und den Modellwandel der drei Generationen zwischen 1969 und 1986, sondern werfen ebenso einen gezielten Blick auf die Erfolge der Capris im weltweiten Motorsporteinsatz. Hinzu kommt ein Exkurs in den Bereich des Fahrzeugtunings, wie es sowohl Firmen als auch Privatleute in der Vergangenheit zelebrierten (und es zum Teil noch heute liebenswert tun).

Der Capri war insbesondere im deutschen Straßenbild der 1970er-Jahre eine allgegenwärtige Konstante – und genau an diese Hoch-Zeiten möchten wir Sie mit dem Ihnen vorliegenden Buch erinnern.

Viel Spaß beim Lesen und Träumen wünscht

Björn Marek

# Brüder im Geiste

Der 17. April 1964 markierte nicht nur für den amerikanischen Zweig der Ford Motor Company einen der bedeutendsten Tage in der Konzerngeschichte, sondern ebenso für die Verantwortlichen des europäischen Marktes. An ebenjenem Freitag schickte man in den USA den legendären Mustang ins Rennen um die Gunst der Käufer und schuf mit dem kleinen Pony-Car einen „Millionseller", wie es ihn nur selten sonst in unserer automobilen Weltgeschichte (von VW Käfer und Golf abgesehen) gibt. Mit seiner perfekten Mischung aus sportlichem Auftritt, ausreichend Platz für die Kleinfamilie, vielseitigen Individualisierungsmöglichkeiten ab Werk im Hinblick auf Motoren und Ausstattungsumfänge sowie nicht zuletzt seinem unschlagbaren Basispreis eroberte der Mustang umgehend das Herz der jüngeren „Baby-Boom"-Kundschaft.

*← Der RS 2600 beschleunigt in nur wenig mehr als acht Sekunden auf 100 km/h.*

Bereits kurz nach der Ausstrahlung erster Werbespots auf den drei reichweitenstärksten TV-Sendern in der Nacht vor dem 17. April 1964 und dem Platzieren großflächiger Anzeigen in den bekanntesten US-Zeitungen und -Zeitschriften campierten Menschen vor den Ausstellungsräumen der Autohändler; enthusiastische Mustang-Fans überboten sich beim Kaufpreis. Doch damit nicht genug: Beim legendären „Indianapolis-500"-Rennen im Jahr 1964 wurden 37 weiße Mustang-Cabriolets als Pace-Cars zum Einsatz gebracht, das Playboy-Magazin verloste ein pinkfarbenes Pony-Car und darüber hinaus wurde den Besuchern auf der New Yorker Weltausstellung die Möglichkeit gegeben, den Neuling in all seinen Facetten unter die Lupe zu nehmen. Eine

D-NU596
P O L I Z E I
D-3554

perfekte Werbemaschinerie, die schnell zum gewünschten Erfolg führte: Allein am ersten offiziellen Händlertag unterschrieben landesweit immense 22.000 Kunden ihren Neuwagen-Vertrag für das sportlich aussehende Hardtop-Coupé oder die Cabriolet-Variante. Bereits im ersten „halben" Modelljahr (die Einführung erfolgte wie eingangs erwähnt erst im April 1964 und somit relativ spät) liefen 120.000 Fahrzeuge vom Band. Interessanterweise verfügten lediglich unter 30 Prozent der bestellten Fahrzeuge über die Basis-Motorisierung in Form eines Sechs-

*← Auch bei der Polizei wurde der Capri der ersten Generation als Einsatzfahrzeug in Dienst gestellt.*

*→ Der Kleinste im Bunde in Form des Modells 1300 gehört mit einem Normverbrauch von werksangegebenen 8,6 Litern zu den sparsameren Straßenvertretern der damaligen Zeit. Hier ein schick vor einer Tankstelle arrangiertes Modell 1700 GT.*

zylinders mitsamt Schaltgetriebe: Vielfach wurden neben einem V8 auch noch Servolenkung, Radio oder Weißwandreifen geordert.

In den drei Folge-Modelljahren (ab 1965 durch eine Fließheck-Karosserievariante ergänzt) pendelten sich die Verkaufszahlen zwischen 472.121 Exemplaren (im Jahr 1967) und 607.568 Fahrzeugen (1966) ein, was einen unglaublichen Erfolg für die Ford Motor Company und ihre neue Pony-Car-Kreation bedeutete. Ebenjene Tatsache führte dann auch innerhalb des Konzerns zu dem Entschluss, möglichst schnell für den europäischen Markt ein eigenes Modell zu entwickeln und dort den Siegeszug fortzusetzen.

*← 1969er Capri 2000 GT*

*→ Leuchtend rote Erscheinung: Capri 2000 GT der ersten Generation*

FORD
K-T 3828

# Good Old Europe

Kaum mehr als ein halbes Jahr nach der Markteinführung des Mustang in den Vereinigten Staaten erhielten die Ford-Markenverantwortlichen diesseits des Großen Teichs den Startschuss für die Entwicklung eines Pony-Cars für den europäischen Markt. Schnell waren die grundlegenden Eigenschaften des potentiellen Erfolgsmodells ins Lastenheft geschrieben: ein „Long hood, short deck"-Design (sprich lange Motorhaube und ein kurzes, knackiges Heck) à la Mustang, Platz für vier Passagiere, zahlreiche Individualisierungsmöglichkeiten in Sachen Ausstattung und Antrieb sowie nicht zuletzt ein möglichst attraktiver Basispreis.

Völlig frei in Sachen Außendesign (wie bei vielen anderen Herstellern musste nicht ein Viertürer aus dem bestehenden Portfolio als Coupé umgearbeitet werden) entstanden so zunächst im Ford-Entwicklungszentrum im britischen Dunton unter der Federführung von Chefde-

↑ *Im Ford-Entwicklungszentrum im britischen Dunton entstanden zwei sportliche Fahrzeugstudien für den europäischen Markt. Der hier gezeigte GBX, der mit seiner langen Motorhaube und dem kurzen Heck an den amerikanischen Ford Mustang angelehnt ist, wurde schließlich favorisiert und zur Serienreife gebracht.*

↑ *Platz für vier Passagiere, zahlreiche Individualisierungsmöglichkeiten in Sachen Ausstattung und Antrieb sowie nicht zuletzt ein attraktiver Basispreis sollten für den geplanten europäischen Neuling, hier das Heck des Protoypen GBX (noch mit einer abgewandelten hinteren Seitenscheibenfläche), die Schlüssel zum Erfolg sein.*

signer John Fallis zwei leicht voneinander abgewandelte sportliche Studien, die man auf die Namen GBX (GB für Großbritannien, X für Experimental) und Flowline (zu Deutsch: Strömungslinie) taufte. Während der GBX bereits mit der später in die Serie übernommenen, eher geradlinigeren Seitenlinie aufwartete, besaß der Flowline

eine getreu seinem Namen extrem geschwungene Gürtellinie. Um böse Überraschungen und nicht zuletzt mangelndes Kaufinteresse zu vermeiden, präsentierte man potentiellen Käufern beide Fahrzeuge im Rahmen umfangreicher Marktbefragungen. Dies erfolgte unter anderem in Deutschland, Belgien, den Niederlanden und Großbritannien, wobei die Reaktionen insbesondere auf den GBX durchweg äußerst positiv ausfielen. Flugs entschied man sich dazu, ebenjene Studienrichtung weiter zu verfolgen und das Design zur Serienreife zu bringen.

Im Jahr 1966 entstanden so zunächst insgesamt zehn fahrfertige Prototypen, die sich allesamt – und aufgrund des vorgegebenen, kostenminimierenden Baukastenprinzips – der Bodengruppe und Technik des bereits auf dem

K-HY 358

Markt befindlichen Ford Cortina bedienten. Allerdings erfuhr diese Ausgangsbasis eine deutliche Überarbeitung, um den massigeren Aufbau des GBX tragen zu können. Während man sich an der Front einer Einzelradaufhängung mit McPherson-Federbeinen bediente, kam – wie beim Mustang, dem Vorbild und Bruder im Geiste – im Heck eine kostengünstige Starrachse an längs montierten Halbelliptik-Blattfedern zum Einsatz.

Leider kristallisierte sich im Laufe der Umsetzung ein großes Problem im Hinblick auf die GBX-Fondpassagiere heraus: Die hintere Seitenscheibe, zum Heck hin dynamisch spitz nach oben hochgezogen, verursachte bei den Probesitzern geradezu klaustrophobische Anfälle,

sodass sich die britischen Verantwortlichen noch nach der Fertigstellung der zehn Prototypen kurzerhand dazu entschlossen, eine neue, rundere Form ins GBX-Design einzubringen. Diese neue Seitenscheibe löste nicht nur das Platzangstproblem der Fondpassagiere, sondern optimierte ebenso die Sicht an der C-Säule vorbei nach hinten heraus. Ansonsten blieb der GBX-Entwurf mit seiner langen Motorhaube, dem kurzen Heck mit der flach liegenden Heckscheibe und den ebenfalls sportiv wirkenden Chrom-Lufteinlassblenden vor dem hinteren Radausschnitt nahezu unangetastet.

Insbesondere auf der Teststrecke im belgischen Lommel, aber auch auf englischem Grund und Boden wurden die einsatzfähigen Prototypen nach ihrer Fertigstellung ausgiebigen Tests und Abstimmungsfahrten unterzogen. Zugleich ließen einige der GBX bei sicherheitsprüfenden Crashtests ihr Leben. Im Windkanal ermittelte man den für die damalige Zeit hervorragenden $c_w$-Wert von 0,40. Das gesamte Projekt verschlang die Summe von rund 200 Millionen D-Mark – vertretbar für die damalige Zeit.

# Namensfindung

Für das spätere Serienmodell hatte die Ford-Entwicklungsabteilung eigentlich den Modellnamen „Colt" ins Auge gefasst. Unglücklicherweise hatte sich im Laufe der Entstehungsphase bereits Autohersteller Mitsubishi ebenjene Namensrechte schützen lassen, sodass man nun auf der Suche nach einem passenden, in allen möglichen Verkaufsländern verständlichen Modellnamen war.

Letztlich fiel die Wahl der Verantwortlichen auf das Wort „Capri", das den Europäern – seit Ende der 1950er-Jahre ganz dem Urlaubscharme Italiens und der Felseninsel im Golf von Neapel erlegen – ein Gefühl von Freiheit, Entspannung und Abenteuer vermitteln sollte. Im Bild zu sehen ist ein 1700 GT.

Grundsätzlich neu war der Name in der Ford-Historie allerdings nicht: Bereits zum Modelljahr 1952 lief bei der Konzernmarke Lincoln ein gleichnamiges Serienmodell

vom Fließband, das es damals als zweitüriges Hardtop, Cabriolet und viertürigen Sedan zu kaufen gab.

Ebenso war zwischen 1961 und 1964 auf dem britischen (und in Ansätzen auch auf dem deutschen) Markt der Consul Capri erhältlich, ein kompaktes, sportlich designtes Coupé ohne B-Säule, welches sich in seinem gesamten Produktionszeitraum allerdings nur 18.716 Mal verkaufte.

↑ *Im Modelljahr 1970 schickte Ford sein sportliches Spitzenmodell RS 2600 ins Rennen um die Gunst der Käufer.*

# Fertigungsstandorte

Rein wirtschaftliche Gründe bewogen Ford Europa dazu, die Produktion des neuen Capri sowohl in Großbritannien (Halewood und Dagenham) als auch zeitgleich in Deutschland (Köln und Saarlouis) anzugehen. Aufgrund der Tatsache, dass sich Europa damals in gleich zwei Wirtschaftszonen unterteilte (die „Europäische Wirtschaftsgemeinschaft" – kurz EWG – mit Deutschland, Frankreich, Italien und den Benelux-Ländern sowie die „European Free Trade Association" –

→ *Fertigung des GBX-Standmodells*

kurz EFTA – mit Österreich, der Schweiz, Großbritannien, Norwegen, Schweden, Spanien und Dänemark) und beim Warenaustausch zwischen diesen Zonen Zölle anfielen, musste man eben in beiden Bereichen produzieren, um diese Kosten vermeiden und den geplanten Verkaufspreis des Capri weiterhin gering halten zu können. So kam es dann auch, dass – abgesehen von den in beiden Ländern optional erhältlichen V6-Aggregaten – die englischen Capris im Gegensatz zu den in Deutschland verbauten V4-Motoren über Reihen-Vierzylinder verfügten.

*→ Im Heck des RS 2600 kommt eine neue Einblattfeder von Hirsch zum Einsatz.*

# Präsentation

Am 21. Januar des Jahres 1969 lud Ford Journalisten und Fachleute aus aller Welt in die damalige Hauptstadt Bonn ein, um in der Beethovenhalle das neueste Modell in all seinen Details vorzustellen. Die Reaktionen der Anwesenden waren durchweg positiv – ein Echo, das auch anhielt, als bei weiteren Pressevorstellungen erste Ausfahrten unternommen wurden, die unter anderem auf den malerischen Küstenstraßen rund um die Kleinstadt Amalfi – und damit nahe der namengebenden Insel Capri – sowie auf der Insel Zypern stattfanden.

Die offizielle Kundenvorstellung des als Serienmodell rund 4,30 Meter langen, 1,64 Meter breiten und 1,33 Meter hohen Capri bei den Ford-Händlern erfolgte schließlich am 5. Februar 1969.

F O R D
Capri
K-CS 825

# Der Capri – Generation 1
## (1969 bis 1973)

Mit Werbesprüchen wie „So aufregend kann Vernunft sein", „Capri, ein Auto, das Sie sich schon immer gewünscht haben" oder „Der Capri: Ein Auto zum Mitsingen" (als Anspielung auf den Song der Caprifischer und die untergehende Sonne) präsentiert Ford of Europe den Kunden voller Stolz und Selbstbewusstsein im Februar 1969 den einzigartigen Neuling im Produktportfolio.

Bereits zur Markteinführung gibt das Unternehmen seinen Kunden ein Höchstmaß an Individualisierungsmöglichkeiten mit auf den Weg, wie es die amerikanischen Kollegen auch beim Mustang getan hatten, um möglichst viele verschiedene Käufergruppen abzugreifen – vom Führerscheinneuling bis zum Sportwagen-Pferdestärken-Enthusiasten.

## Modelljahr 1969

Im Erstlingsmodelljahr offeriert Ford sein Coupé zunächst mit sieben Motorvarianten, drei Vierzylinder- und vier Sechszylinder-Aggregaten.

→ Den kostengünstigsten Einstieg in die Capri-Welt bildet der V4 mit 1,3 Litern Hubraum und einer Leistung von 50 PS bei 5000 U/min. Der Viertaktmotor verfügt über ein Verdichtungsverhältnis von 8,2 zu 1 und beschleunigt den Capri in 22,7 Sekunden auf 100 km/h, wobei der Kleinste im Bunde seine Höchstgeschwindigkeit bei 133 km/h erreicht. Mit einem Normverbrauch von werkseitig angegebenen 8,6 Litern gehört der Capri zu den sparsameren Straßenvertretern der damaligen Zeit.

Die nächstsportlichere Alternative verfügt über 1,5 Liter Hubraum und eine Nennleistung von 60 PS bei 4800 U/min. Der 8,0 zu 1 verdichtete V4-Motor lässt den Capri in 18,8 Sekunden die 100-km/h-Grenze erreichen und ermöglicht einen Top Speed von 140 km/h.

↑ Der leistungsstärkste Vierzylinder kommt mit 75 PS bei 5000 U/min daher und beschleunigt den Capri in sportiven 13,7 Sekunden auf 100 km/h. Seine Höchstgeschwindigkeit erreicht das „1700 GT" bzw. „1700 R" getaufte Modell bei 155 km/h, was im Europa der Endsechzigerjahre einen durchaus guten

K-TD 303

Wert bedeutet. Das aus den vorangegangenen Modellen bekannte hydraulische Zweikreis-Bremssystem wird in dem rund 980 Kilogramm schweren 1700 GT serienmäßig um einen Bremskraftverstärker bereichert.

← Wer einen noch größeren Wert auf Laufruhe legt, wartet bis zum Herbst 1969 und bestellt seinen (dann speziell bei den V6 mit einer Ausbuchtung auf der Motorhaube versehenen) Capri mit einem der vier verschiedenen Sechszylinder-Aggregate aus dem Modellprogramm. Links zu sehen ist ein 2000 GT mit 1.985 ccm Hubraum und 85 PS bei 5.000 U/min Leistung. Tempo 100 ist damit in rund 12,9 Sekunden erreicht.

Zwei der V6 verfügen über einen Hubraum von 1985 Kubikzentimetern, wobei ein Exemplar 8,0:1 verdichtet ist und 85 PS bei 5000 U/min leistet. Tempo 100 ist damit in rund 12,9 Sekunden erreicht, dem Windwiderstand beugen muss sich der „2000er" bei 162 km/h. Sechszy-

linder Nummer 2 ist etwas höher verdichtet (9,0:1) und besitzt dadurch fünf zusätzliche PS, die bei ebenfalls 5000 U/min anstehen. Mit dem „2000 R" ausgestattet, durchbricht der Capri die magische Geschwindigkeitsgrenze nach 11,7 Sekunden, seinen Top Speed erreicht er bei 165 km/h.

Sie wollen Ihren Capri 1969 auf jeden Fall mit noch mehr Leistung ordern? Kein Problem – Individualisierung wird im Präsentationsjahr großgeschrieben: Ein Kreuzchen an der richtigen Stelle im Kaufvertrag und schon sind Sie stolzer Besitzer eines „2300 GT" (siehe Seite 30). In ihm besitzt der V6 nicht nur 2,3 Liter Hubraum, sondern erfreut ebenso durch 108 PS bei 5100 U/min.

Der Sprint auf 100 km/h gehört damit nach gerade einmal 9,8 Sekunden der Vergangenheit an, mit 178 km/h Top Speed ist man auf der Autobahn der Endsechziger beinahe allein auf weiter Flur. Doch damit nicht genug mit dem Leistungs-

wahn: Als „2300 R“ präsentiert Ford sein vorläufiges Topmodell – mit 125 PS, identischer Beschleunigung wie der 2300 GT, aber mit imposanten 190 km/h an möglicher Höchstgeschwindigkeit.

← Alle Capri-Versionen verfügen serienmäßig über ein vollsynchronisiertes Schaltgetriebe mit vier Gängen.

→ Gegen Aufpreis gibt es den eigenen Wagen (ab Modell 1500) auch mit einer dreistufigen Automatik.

← Das Leergewicht des Basis-Capri beträgt 975 Kilogramm, maximal 320 Kilogramm dürfen zugeladen werden.

→ Mit 355 Litern kann das Kofferraumvolumen aufwarten, der Kraftstofftank fasst 48 oder 62 Liter (V6).

↓ Der Neuling steht auf einem Radstand von 2559 Millimetern, die Spurweite beträgt vorne 1346 Millimeter und an der Hinterachse 1320 Millimeter.

Serienmäßig im Zaum halten den Capri Scheibenbremsen an der Vorderachse und Trommeln im Heck; den Fahrbahnkontakt gewährleisten 4,5 x 13" messende Stahlfelgen mit 6.00-x-13"-Diagonalreifen, auf Wunsch aber auch 5-x-13"-Felgen mit 165er Gürtelreifen. Die Zahnstangenlenkung besitzt eine im Notfall abknickende Sicherheitslenksäule, das Dreispeichen-Lenkrad kommt gepolstert daher. Zudem platzierten die Ingenieure den Kraftstofftank im Hinblick auf mögliche

*→ Die Sechszylinder-Modelle, hier erneut ein 2300 GT, sind anhand ihres Buckels auf der Motorhaube klar von den Vierzylindern zu unterscheiden.*

Auffahrunfälle sicher vor der Hinterachse.

In Sachen Ausstattung kann der Kunde im Präsentationsjahr neben der Basisvariante aus gleich mehreren Ausstattungen wählen. Dabei verfügt bereits der Einstiegs-Capri über ein durchaus respektables Innenleben, etwa eine Scheibenwaschanlage, zwei Sonnenblenden, einen Teppichboden, ein zweistufiges Heizgebläse oder auch Aschenbecher vorne sowie im Fond. Mit der „L"-Ausstattung (111 D-Mark Aufpreis) erhielt der Kunde äußere Schmankerl wie die seitlichen Zierleisten, eine Auspuffblende, Stoßstangenhörner oder auch Radzierringe. Eher dem Innenraum zuträglich ist die „X"-Ausstattung mit einer ausklappbaren Mittelarmlehne und einzeln ausgeformten Sitzen im Fond, dem abblendbaren Innenspiegel, zwei Innenraumlichtern oder auch der Warnleuchte für die gezogene Handbremse. Bei seiner „GT"-Version kann sich der Capri-Fahrer über einen sportlichen Drehzahlmesser, einen Tageskilometerzähler, eine Öldruck- und Batteriespannungs-Anzeige sowie eine Mittelkonsole

*Familien-Frohsinn dank Capri 2000 GT*

mit Uhr, einen Zigarettenanzünder und einen Schminkspiegel in der rechten Sonnenblende freuen.

Darüber hinaus kommen ein Bremskraftverstärker und 165/13er Gürtelreifen zum Einsatz. Last but not least und zugleich die perfekte Möglichkeit, sein Coupé auf das Thema Sport zu trimmen, ist die „R"-Ausstattung („R" wie Rallye): Ihr gibt Ford unter anderem 5-x-13"-Sportfelgen und eine matt-schwarz lackierte Motorhaube mit auf den Weg, ebenso ein mit Leder bezogenes Sportlenkrad und zwei Halogen-Zusatzscheinwerfer. Natürlich lassen sich beinahe alle Ausstattungsvarianten miteinander kombinieren, zudem bietet Ford für den Capri eine reichhaltige Optionsliste an, auf der sich unter anderem eine heizbare Heckscheibe (86,58 D-Mark), ein Stahlschiebedach (377,40 D-Mark), das Automatikgetriebe (799,20 D-Mark) oder auch eine „Vollkunstleder-Polsterung" (41,07 D-Mark) sowie die bis Ende 1969 optionale (!) Warnblinkanlage für 25,53 D-Mark finden.

Preislich beginnt die Capri-Welt bei attraktiven 6993 D-Mark für das Basismodell mit 50-PS-Vierzylinder. Der 1500er schlägt mit 7298,25 D-Mark zu Buche, der nächsthöhere 1700 GT mit 7992 D-Mark. Als R-Version kostet der 1700er Capri 8325 D-Mark, als Zweiliter-Capri mindestens 8297,25 D-Mark, rund 500 D-Mark mehr wiederum der 2000 R.

Wer einen 2,3-Liter-Motor in seinem Coupé sein Eigen nennen

will, muss mindestens 8963,25 D-Mark auf den Tisch seines Ford-Händlers legen, das Topmodell 2300 R veranschlagt man mit 9296,25 D-Mark. Mit diesem umfangreichen Preisgefüge ist es den Verantwortlichen gelungen, ein „Modell für alle" zu schaffen, vom Handwerker mit begrenztem Budget bis hin zum gutsituierten Beamten.

Bereits Anfang des Jahres 1970 haben rund 150.000 Capris ihre Produktionsstätten auf dem Weg zum Kunden verlassen.

## Modelljahr 1970

← Das wie eine Bombe einschlagende Novum für das zweite Modelljahr des Capri trägt den Namen RS 2600. Im Oktober 1970 auf dem Pariser Automobilsalon der Öffentlichkeit präsentiert, bedient Ford mit ihm die motorsportaffine Kundschaft. Zugleich nutzt man den RS 2600 als Homologationsmodell für die Tourenwagen-Rennsportmeisterschaft, mindestens 1000 Straßenversionen müssen dafür abgesetzt werden.

→ Für 15.800 D-Mark erhält der Kunde im Modelljahr 1970 einen echten Über-Sportwagen für die Straße: sechs Zylinder, 150 PS stark, mit 2637 Kubikzentimetern Hubraum und einer Kugelfischer-Benzin-Einspritzanlage versehen. Das Ausatmen erfolgt über eine optimierte Auspuffanlage mit speziellen Fächerkrümmern und zwei einzelnen ovalen Endrohren.

Der RS 2600 beschleunigt als Straßenversion (eine Wettbewerbsvariante ist ebenfalls bestellbar; sie wiegt lediglich 900 Kilogramm im Vergleich zur Straßenversion mit ihren 1020 Kilogramm) in knapp über acht Sekunden auf 100 km/h, um bei 200 km/h seine Höchstgeschwindigkeit zu erreichen. Mit ebenjener Leistung lässt der ge-

meine RS-2600-Fahrer sogar so manchen Porschefahrer im Regen stehen.

Technisch setzen die Entwickler beim ganz besonderen Capri auf eine dezente Tieferlegung, 6-x-13"-Magnesiumfelgen mit 195/70er Reifen und spezielle Stoßdämpfer aus dem Hause Bilstein, zudem kommen vorne Druckstreben und im Heck eine neue Einblattfeder von Hirsch zum Einsatz. Zunächst verzichtet man auf Stoßstangen, entscheidet sich später jedoch für Stoßstangenecken.

← Auch der Innenraum der RS-2600-Straßenversion gibt sich betont sportlich, wenngleich auch bei Weitem nicht so karg wie der Rennwagen: In eine Mischung aus Kunstleder und Cord gehüllt, bettet sich der PS-Fan in gut konturierte Schalensitze und freut sich über einen abblendbaren Innenspiegel, ein zweistufiges Gebläse, die heizbare Heckscheibe oder auch die Frontscheibe aus Verbundglas.

Ebenfalls neu zum Modelljahr 1970 tritt der 2600 GT in Erscheinung (ab 10.500,60 D-Mark; siehe Seite 43). Der 125 PS bei 5300 U/min liefernde V6 mit seinen 2550 Kubikzentimetern Hubraum beschleunigt den Capri in 9,6 Sekunden auf 100 km/h und beugt sich dem Luftwiderstand erst bei rund 190 km/h. Darüber hinaus leistet der 1,5-l-Vierzylinder nun fünf zusätzliche PS.

K-PK 535

TEMP
TANK
Km/h
Ford

## Modelljahr 1971

Im Modelljahr 1971 macht Ford in zweierlei Hinsicht von sich reden. Durchaus positiv fallen die Reaktionen auf die Präsentation des ersten Capri-Sondermodells aus. Hinter dem Modell „Tulpenroter Capri" verbirgt sich ein rotes Coupé mit dem nun auf 65 PS erstarkten 1500er-Motor, das zudem serienmäßig über eine Nebelschlussleuchte und Sporträder sowie -lenkrad verfügt und einen Preisvorteil von 350 D-Mark mit sich bringt.

Daneben muss sich Ford of Europe jedoch auch mit negativen Schlagzeilen auseinandersetzen:

← *Das Cockpit des RS 2600*

*Sicherheitstests im Jahr 1971: Blitzschlag-Experiment am Capri*

Einige Capri-Kunden verfingen sich mit ihren Schnürsenkeln in der Pedalerie, sodass es zu Unfällen kam, aus denen letztlich Schadensersatzprozesse gegen Ford erwuchsen.

Ebenfalls ab dem Modelljahr 1971 dünnen die Kölner die Ausstattungsvarianten aus: Letztlich ist der Capri nur noch als L-, XL- und XLR-Version erhältlich.

Außerdem mutiert der Sportler RS 2600 auf Wunsch auch zum Eillaster – dank der ab sofort optional bestellbaren Anhängerkupplung mit einer Zuglast von bis zu gebremsten 1,2 Tonnen.

FORD
K-CS 825

## Modelljahr 1972

← Ab sofort ist das Topmodell RS 2600 auch mit einer ZF-Differentialsperre lieferbar (Aufpreis 450 D-Mark). Im März rollt bereits der 500.000ste Capri vom Fließband, was Ford gebührend mit einem neuen Sondermodell feiert: Diesmal handelt es sich um insgesamt 2000 Wagen (jeweils zur Hälfte monzablaue 1500er sowie maisgelbe 1700er GT), die mit einem Extra-Preis-/Ausstattungsvorteil aufwarten, zu dem unter anderem die von den Sechszylinder-Versionen bekannte gewölbte Motorhaube gehört.

↑ *Auch im RS 2600 bleibt der Platz für zwei weitere Passagiere erhalten.*

← *Interieur des bis dato sportlichsten Capri RS 2600 aus dem Modelljahr 1972*

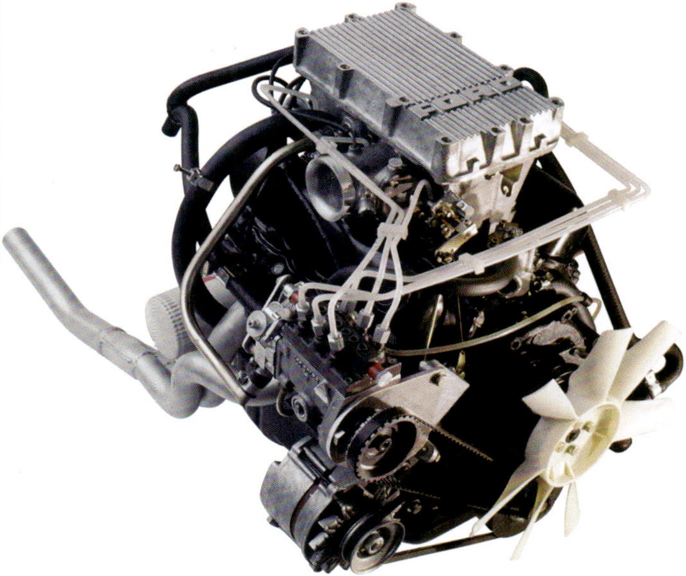

*Auch im Modelljahr 1972 leistet der V6-Motor im RS 2600 mit seiner mechanischen Kugelfischer-Einspritzung eindrucksvolle 150 PS bei 5800 U/min, was ihn bei einem Leergewicht von 1080 Kilogramm in 8,6 Sekunden auf 100 km/h beschleunigt. In der Endgeschwindigkeit legt das 1972er-Modell um 10 km/h auf 210 km/h Top Speed zu.*

## Modelljahr 1973

Ein Jahr vor Einführung der zweiten Capri-Generation unterzieht Ford sein Erfolgsmodell noch einer Überarbeitung, die sich am deutlichsten an der Front durch die nun größeren Scheinwerfer, die in die Stoßstange verlegten Blinker und die ebenfalls größeren Rückleuchten zeigt.

Darüber hinaus verpasst man allen Capri-Versionen die Motorhauben-Auswölbung der Sechszylinder-Modelle und setzt die Seitenschweller optisch schwarz ab.

Und auch nach dem Einsteigen offenbart sich das neue Modelljahr:

*← Ford Capri GXL 3000 V6 aus dem Modelljahr 1973*

*Luxuriös: der Innenraum eines 1973er Capri GXL*

*Sportlich: die Sitze eines 1973er GT-Modells*

Das nun filigraner abgerundete Armaturenbrett trägt größere Instrumente, das Lenkrad nur noch zwei Speichen. Ebenso optimieren die Entwickler den Seitenhalt der Vordersitze, geben den Tür- und Seitenverkleidungen eine neue Form und verbauen ein abschließbares Handschuhfach.

Das Fahrwerk des 1973er-Modelljahres unterziehen die Ingenieure aufwändigen Abstimmungsarbeiten, die unter anderem zu einem neuen Stabilisator an der Hinterachse führen.

Die bis dato angebotenen Vierzylinder-Motoren mit V-Form ersetzt Ford ab sofort durch Reihenmotoren mit obenliegender Nockenwelle: Das Einstiegsaggregat besitzt 1,3 Liter Hubraum und leistet 55 PS bei 5500 U/min (in 20,9 Sekunden auf 100 km/h, 141 km/h Höchstgeschwindigkeit). Des Weiteren sind zwei 1,6-l-Motoren mit 72

*← Luxuriöses Kraftpaket: 1973er Capri GXL mit 3,0-l-V6 (140 PS bei 5300 U/min) unter der gewölbten Motorhaube*

und 88 PS erhältlich (15,3 Sekunden und 158 km/h beziehungsweise 12,6 Sekunden und 170 km/h). Ebenfalls im Programm ist der 3000 GXL mit seinem V6 mit 2993 Kubikzentimetern Hubraum und 140 PS Leistung bei 5000 U/min, der einen Spurt auf 100 km/h in 8,3 Sekunden und 196 km/h Top Speed ermöglicht. Die 1500er, 1700er und 2000er Capris sind nicht mehr erhältlich, dafür verfügen alle Coupés nun serienmäßig über 5" breite Felgen mit Gürtelreifen. Erneut erfolgt auch in diesem Modelljahr eine Umstrukturierung

Es gibt jetzt ein Auto, das den Ford Capri übertrifft.
Capri '73.
Das ist der neue Capri GT. Er kommt mit größeren Scheinwerfern, die mehr Licht liefern. (Wie jeder Capri '73.) Mit markanten, neuen Leuchteinheiten im Heck, neuer Fahrwerkabstimmung, Stabilisator hinten und breiten 5-Zoll-Felgen (wie jeder Capri '73).
Was den neuen Capri GT zum GT macht, ist die Hochleistungsversion des 1,6-Liter-OHC-Motors. Unter der gewölbten Haube arbeitet ein moderner Reihenvierzylinder mit obenliegender Nockenwelle, der bei 5700 U/min 88 PS abgibt.
Innen hat der GT Einzel-Ruhesitze mit besonders ausgeprägter Seitenführung, Einzelsitzformung im Fond und eine mattschwarze Armaturenfront mit großem Drehzahlmesser, Tachometer und vier weiteren Kontrollinstrumenten.
Und hier das komplette Capri-Wahlprogramm '73: Capri L, Capri XL, Capri GT (auf Wunsch auch mit V6-Motoren mit 108 PS, 125 PS und 140 PS) und der ganz neue Capri GXL mit 3-Liter-Motor.
Der Besuch beim Ford-Händler hilft Ihnen, Ihre Wahl zu treffen.
FORD CAPRI
Ford
Ford weist den Weg
CAPRI GT
CAPRI '73

K-JK 735

CAPRI

← ↑ *Nach 1,1 Millionen produzierten Capris schickt Ford Europa die erste Generation seines Erfolgsmodells in Rente – doch die nächste Generation lässt nicht lange auf sich warten ...*

der Ausstattungsversionen, die nun die Namen L, XL, GT und den weiter oben erwähnten GXL tragen.

Den 2600-RS-Käufer belohnen die Ford-Mannen mit innenbelüfteten Scheibenbremsen vorne und einer Hinterachsübersetzung von 3,09 zu 1, die das Topmodell bis zu 210 km/h schnell sein lässt.

Wer will, kann seinem Capri-Sportler aber auch noch weiteres Zubehör verpassen: Ein Wälzen in dem umfangreichen Werkskatalog voller Rennsportmaterialien (extrabreite Kotflügel, Spoiler, andere Räder oder Sportsitze, Leistungssteigerung etc.) macht dies möglich.

Nach nunmehr fünf Modelljahren läutet Ford das Ende der ersten Capri-Generation ein. Mehr als 1,1 Millionen Exemplare haben seit der Markteinführung am 5. Februar 1969 die Fließbänder verlassen. Ein überragender Beweis dafür, dass die Adaption der Mustang-Idee auf den europäischen Markt mit dem Capri 1 nahezu perfekt funktioniert hat. Nun galt es lediglich, mit der Generation Nummer 2 an die erzielten Erfolge anzuschließen.

# Der Capri – Generation 2

## (1974 bis 1977)

Nach dem überragenden Erfolg des Capri in seinen ersten fünf Modelljahren beschließt Ford erwartungsgemäß, die Erfolgsserie seines Sportcoupés fortzuführen. Parallel zum Vertrieb des Einsers beginnen die Arbeiten an der zweiten Capri-Generation, die letztlich zum Modelljahr 1974 ins Rennen um die Gunst der Käufer geht.

Der Neue, intern unter dem Namen Diana bekannt und im Februar 1974 den Journalisten vorgestellt, gibt

*Ausgefeilt: das 1974er Ghia-Modell*

*Bevor es an die Umsetzung des intern auf den Namen „Diana“ getauften Capri-2-Projekts geht, entstehen zahlreiche Zeichnungen.*

sich in jederlei Hinsicht akzentuierter als sein Vorgänger. Die augenfälligste Neuerung allerdings zeigt sich in Form der nun ins Dach hineinreichenden Heckklappe, die sich dank versteckt eingebrachter Scharniere perfekt in die Gesamtoptik integriert und den herkömmlichen Kofferraumdecker ersetzt. Gasdruckdämpfer unterstützen das Öffnen der Heckklappe. Die gewohnte „Long hood, short deck"-Grundkonstruktion, sprich Kombination aus langer

*Die Entwürfe auf Papier erinnern mal mehr, mal weniger an das fertige Serienmodell, die gewohnte „Long hood, short deck"-Grundkonstruktion behielt man aber auch beim Capri 2 bei.*

Motorhaube und knackig-kurzem Heck, hat man auch beim Capri 2 beibehalten, allerdings sitzt seine Gürtellinie nun tiefer, was unter anderem größere Scheibenflächen und somit eine deutlich bessere Rundumsicht mit sich bringt.

*← An diesem Modell ist das Frontdesign des späteren Serienmodells schon deutlicher zu erkennen.*

*→ Das hier gezeigte Heckdesign wurde zugunsten einer anderen Optik wieder verworfen, auch von der späteren bis zum Dach reichenden Heckklappe ist noch nichts zu sehen.*

*← Im Anschluss an die Zeichnungen entstanden zwecks besserer räumlicher Vorstellungen erste Standmodelle.*

*↑ Das Frontdesign dieses Standmodells wurde zwar wieder verworfen, dafür allerdings ging das Heck in sehr ähnlicher Weise, und nun auch mit der bis zum Dach hochreichenden Kofferraumklappe, in die Serie ein.*

*← Heckansicht eines der Studien-Standmodelle zum Capri 2*

K-LN-D2A

Bei nahezu identischen Außenmaßen im Vergleich zum Vorgänger gelingt es den Capri-Entwicklern vollkommen, die zweite Generation einer dezenten Modellevolution zu unterziehen, die die perfekte Brücke zwischen Altbewährtem und neuen Designdetails schlägt.

Die Front wird nun von noch größeren Scheinwerfern und den weiterhin außen liegenden Blinkergläsern dominiert, wobei Letztere ab sofort nicht mehr zu den Leuchten hin über einen ovalen Schwung verfügen, sondern wie mit dem Lineal gezogen daherkommen.

↑ → Hier eine Ghia-Version des Modelljahres 1974. Den beim Vormodell noch auf der Motorhaube befindlichen Ford-Schriftzug platzieren die Designer im mit einem schwarzen Gitter versehenen Kühlergrill, auf Details wie die angedeuteten Lufteinlässe vor den hinteren Radkästen verzichtet man komplett. Insgesamt betrachtet kommt der Neuling deutlich nüchterner, aber auch ausgereifter daher, was sich unter anderem anhand des moderner gestalteten Armaturenbretts im großzügiger dimensionierten Innenraum zeigt.

CAPRI GHIA

CAPRI

## Modelljahr 1974

Bestellen können die Kunden ihren Capri – je nach Inhalt des eigenen Geldbeutels – in insgesamt vier unterschiedlichen Ausstattungsvarianten. Das 10.320 D-Mark teure Basismodell trägt erneut den Namen L (siehe Seite 68). Eine Ablage unter dem Armaturenbrett, eine kurze Mittelkonsole, der Zigarettenanzünder und eine Uhr gehören zum Serienumfang.

↑ Gegen einen Aufpreis von 530 D-Mark liefert Ford den Capri alternativ als XL aus: Ein Teppichboden und der abblendbare Innenspiegel sind ebenso mit an Bord wie eine heizbare Heckscheibe oder die Kontrollleuchte für die Handbremse. Als äußeres Erkennungsmerkmal tragen die XL-Versionen schwarz abgesetzte Bereiche am Heck und den Seitenschwellern.

FORD
K-UX

← Liebhaber des extrasportlichen Flairs entscheiden sich für den Capri GT (ab 12.435 D-Mark), dessen Inneres die Ford-Verantwortlichen nicht nur durch Drehzahlmesser, Öldruckanzeige und Amperemeter aufwerten, sondern ebenso durch ein Sportlenkrad mit Kunstlederüberzug und eine Mittelkonsole mitsamt Uhr. Darüber hinaus sind die Rückseiten der Vordersitze und das untere Viertel der Türverkleidungen mit Stoff versehen, ebenso besitzt auch die Heckklappe im GT eine eigenständige Innenverkleidung.

Um eine optimale Nutzung des Coupé-Stauraums zu ermöglichen, können sich die GT-Käufer auch über eine 50/50 teilbare Rücksitzbank freuen.

→ Bei der „L"-Version des Capri 2 ist die Rücksitzbank zwar umlegbar, allerdings nicht im Verhältnis 50 zu 50 geteilt.

← Das Top-of-the-Line-Modell hört ab sofort nicht mehr auf den Namen GXL, sondern in Anlehnung an das italienische Designstudio auf den Namen Ghia. Mit dem Kreativteam aus der Stadt Turin hatte Ford bereits beim Capri 1 zusammengearbeitet, nun folgt die Fortsetzung auf Basis des Zweiers. Die Ghia-Modelle (ab 14.875 D-Mark) verfügen insbesondere über vier Einzelsitze anstelle der gewohnten durchgehenden Rückbank, außerdem über H4-Halogenscheinwerfer, Stoßstangenhörner aus Kunststoff, Velourteppiche und eine Wisch-Wasch-Anlage für die Heckscheibe.

Die Hände des Fahrers bestimmen Vortrieb und Richtung über ein Sportlenkrad und einen Schaltknauf mit echtem Leder, die Ellbogen ruhen auf den Armlehnen der Mittelkonsole. Nach dem Abschnallen verschwinden die Gurte in den Seitenverkleidungen, wo man beim Ghia den Gurtmechanismus versteckt hat. Ausstellfenster hinten, 5,5" breite Leichtmetallfelgen und Seitenzierleisten mit Gummieinsatz vervollständigen den Luxusanspruch.

*← Auch die neu konzipierte Heckklappe musste in allerlei Tests beweisen, dass sie für den Dauereinsatz beim Kunden uneingeschränkt geeignet ist.*

*→ Frieren erwünscht: Capri 2 in der Kältekammer*

Wem all dies noch immer nicht genügt, der wird sich an der bereitliegenden Optionsliste erfreuen: Hier finden sich unter anderem das gewohnte Stahlschiebedach, aber auch das hausintern neu entwickelte C3-Automatikgetriebe mit serienmäßigem Getriebeölkühler.

Zur Markteinführung ist der Capri 2 mit insgesamt fünf unterschiedlichen Motoren zu ordern. Den Einstieg bildet ein Reihen-Vierzylinder mit 1,3 Litern Hubraum und 54 PS bei 5500 U/min Leistung, der die rund eine Tonne schweren L/XL-Modelle auf 140 km/h beschleunigt.

Das zweite Aggregat im Bunde besitzt ein Zylindervolumen von 1,6 Litern und verfügt in den L/XL-Versionen über 72 PS bei 5200 U/min, als GT über 16 zusätzliche PS

bei 5700 U/min. 156 beziehungsweise 168 km/h Höchstgeschwindigkeit sind mit den 1,6ern möglich.

Den Wunsch nach insgesamt sechs Zylindern erfüllt Ford mit zwei Motorversionen: Die 2,3-l-Variante verfügt über 108 PS bei 5000 U/min (181 km/h Höchstgeschwindigkeit), der 3,0-l-V6 kommt mit 138 PS bei gleicher Drehzahl daher. Während der 54-PS-Capri nach rund 22 Sekunden die 100-km/h-Mauer durchbricht, schafft dies das Topaggregat in sportlichen neun Sekunden.

Überzeugt vom eigenen Produkt, erhalten ab sofort alle Capri-Kunden eine Herstellergarantie von zwölf Monaten oder 20.000 Kilometern auf ihr Fahrzeug.

FORD
Ford
DUNLOP
Ford

↑ *Der Brodie-Capri bringt leer lediglich 840 Kilogramm auf die Waage.*

← *Für rund 100.000 D-Mark bekommen Kunden des Engländers David Brodie im Jahr 1974 auch einen Breitbau-Capri, unter dessen leichter Kunststoffhaut extreme Renntechnik mit einem 438 PS starken 3,4-l-V6 steckt, der den Boliden auf bis zu 274 Stundenkilometer beschleunigt.*

↑ *Dank des Brodie-Karosseriebausatzes passen vorne sogar 11" breite Räder auf die Achse, im Heck dürfen es im Extremfall sogar 16" in der Breite sein.*

## Modelljahr 1975

← Ein echtes Highlight im neuen Modelljahr ist das auf den Namen John Player Special getaufte Capri-Sondermodell, entstanden in Zusammenarbeit mit dem entsprechenden Tabakkonzern.

Die limitierte Edition besticht durch ihre schwarze Außenhaut mit goldenen Streifen darauf, die dezent die Form der Karosserie unterstreichen. Authentizität verspricht eine Plakette am Armaturenbrett.

Ab sofort verfügen alle Capri-Modelle ab Werk über ein „Sicherheitspaket", welches unter anderem serienmäßig eine heizbare Heckscheibe, Halogenscheinwerfer und Gürtelreifen umfasst.

K-DK 926

## Modelljahr 1976

Zum Modelljahr 1976 werden die Ausstattungsvarianten XL und GT eingestellt. Insgesamt stehen nun L, GL, Ghia und die neue S-Ausstattung zur Auswahl. Letztere richtet sich an die extra-sportlich orientierten Capri-Kunden, ist ausschließlich mit den Sechszylinder-Motoren bestellbar und beinhaltet unter anderem straffere Blattfedern an der Hinterachse, großzügiger dimensionierte Stabilisatoren vorne wie hinten (22 statt 19 Millimeter

*→ Ab dem Modelljahr 1976 gehört die Sportausstattung GT der Vergangenheit an, dafür können die Kunden nun die S-Version bestellen.*

*→ Sportliche Akzente setzen die Ford-Mannen beim Capri S unter anderem durch ein neu gestaltetes Dreispeichenlenkrad und den Drehzahlmesser.*

Durchmesser an der Vorder-, 12 statt 10 Millimeter an der Hinterachse), einen Außenspiegel auf der Beifahrerseite und im Vergleich zur Ghia-Variante um rund zehn Prozent straffere Gasdruckstoßdämpfer. Des Weiteren installierten die Ingenieure einen Kunststoff-Frontspoiler, der den ohnehin bereits guten Luftwiderstandswert des Capri von 0,4 auf 0,386 Einheiten weiter verbessert.

Äußere Merkmale der S-Variante sind schwarz abgesetzte Details wie die Türgriffe, aber auch seitliche Zierstreifen in Höhe der Gürtellinie und knapp oberhalb des Schwellerbereiches. Auf den vorderen Kotflügeln findet sich zudem der Buchstabe S, Leichtmetallfelgen gehören zur Standardausstattung. Innere Akzente setzen die Ford-Mannen beim sportlichen Capri unter anderem durch ein neu gestaltetes Dreispeichenlenkrad.

Serienmäßig wird der Capri S (ab 14.675 D-Mark) mit einem 90 PS starken und zwei Liter Hubraum aufweisenden Sechszylinder ausgeliefert, optional erhältlich sind der 2,3-l-V6 mit 108 PS (ab 15.399 D-Mark) und als Top-Aggregat der 138 PS starke 3,0-l-V6.

Zum Modelljahr 1976 bietet Ford das Coupé nicht mehr mit dem 1,6-l-Vierzylinder (88 PS) an. Den Einstieg in die Capri-Welt ermöglicht der Basis-„L" ab 11.425 D-Mark mit verbautem 1,3-l-Vierzylinder (54 PS; bereits serienmäßig mit Kofferraum-Teppichboden, Holzdekor und Stahlsportfelgen versehen und unter anderem erkennbar an den schwarz abgesetzten Türschwellern). Die exklusivste Möglichkeit, einen Capri zu fahren, hört auf den Namen Ghia und wird für 17.925 D-Mark mit dem 2,3 Liter fassenden Sechszylinder ausgeliefert. Des Weiteren sind zwei 1,6-l-Aggregate mit 68 oder 72 PS im Handel zu erwerben.

Alle Capri-Modelle besitzen nun drei Hebel an der Lenksäule anstelle der zuvor verbauten Druckschalter im Armaturenbrett, sodass die Hände jetzt permanent in Lenkradnähe verbleiben können. Über die Hebel werden neben den Blinkern auch Funktionen wie das Stand-, Abblend- und Fernlicht sowie die Scheibenwischer oder auch das Signalhorn bedient.

Im Oktober 1976 wird die Capri-Produktion in den englischen Städten Halewood und Dagenham eingestellt. Alle Fahrzeuge rollen nun in Köln und Saarlouis vom Fließband.

K-XX 678

← *Ein 1500 GT beim Wintersport*

## Modelljahr 1977

Pünktlich zur Internationalen Automobil-Ausstellung in Frankfurt am Main zeigt Ford sein im Vergleich zum Vorjahr lediglich dezent überarbeitetes Capri Coupé. Ein Grund dafür dürfte die für das Jahr 1978 geplante Lancierung der dritten Generation sein, sodass lediglich ein Vibrationen reduzierendes Dämpfungslager am Schalthebel und ein verbesserter Schutz gegen Durchrostung das Modelljahr 1977 charakterisieren.

CAPRI

# Der Capri – Generation 3

## (1978 bis 1986)

Nach dem intern „Colt" getauften Capri 1 und seinem Nachfolger, in der Entwicklungsphase als „Diana" geführt, beginnen die Arbeiten an der dritten Auflage des Erfolgswagens Capri bereits Mitte der 1970er-Jahre – und damit parallel zum Vertrieb des Capri 2. Insgesamt rund zehn Millionen D-Mark investiert die Ford Motor Company in die Weiterentwicklung des Coupés bis zu seiner Präsentation auf dem Genfer Auto-Salon im März 1978.

Offiziell spricht der Hersteller gegenüber Journalisten und Kunden übrigens nicht vom Capri 3, sondern vom Capri 2/78, also einem Facelift

*Wie gewohnt mit Werbeschwerpunkt auf der großen Heckklappe und dem akzeptablen Kofferraumvolumen: Aufnahme eines 1978er Capri L*

der zweiten Generation für das Modelljahr 1978. Ebenjene Überarbeitung fällt allerdings derart ausschweifend aus, dass im Volksmund schnell vom Dreier die Rede ist – zu Recht, weist der Neue doch bereits beim ersten flüchtigen Blick deutliche Unterschiede zum Vorgängermodell auf. So wurde die Motorhaube von den Designern deutlich weiter nach vorn und unten in den Kühlergrill hineingezogen. Letzterer trägt jetzt jeweils zwei runde Halogen-Doppelscheinwerfer anstelle der Rechteckleuchten zur Schau.

Darüber hinaus verlaufen die Stoßstangen vorne wie hinten nun bis zu den Radausschnitten und bestehen aus schwarzem Kunststoff. Die pflegeintensiven, aber schön anzusehenden verchromten Metallstoßstangen gehören der Vergangenheit an. Die Blinker an der Front wanderten von den Außenseiten der Scheinwerfer hinab in die Stoßfänger, anstelle des Ford-Schriftzuges trägt der Capri nun das blaue Ford-Emblem zur Schau. Dieses findet sich auch am Heck des sportlichen Coupés, das nach der Überarbeitung mit geriffelten Rückleuchten aufwartet (ab Modell GL mit Nebelschlussleuchte).

Bei allen Capri-Versionen serienmäßig ist ein aus dem Fahrzeugblech gefertigter unterer Frontspoiler, der

*Warum in die Ferne schweifen?: 1978er Capri 2.3 Ghia*

zusammen mit dem neuen Lamellen-Kühlergrill den Luftwiderstandswert des Dreiers weiter absenkt.

Kunden, die nicht bereit oder in der finanziellen Lage sind, das neue Capri-Modell zu erwerben, finden in der Produktpalette von Ford Motorsport sogar einen Umbausatz. Dank neuer Scheinwerfer, eines Spoilers und neuer Motorhaube lässt sich hiermit auf eigene Faust das Zweier-Modell auf die Optik des Neulings überarbeiten.

→ Während sich der Dreier in Sachen Exterieurdesign deutlich von seinem beliebten Vorgänger unterscheidet, bleibt im Innenraum des überarbeiteten Sportcoupés vieles beim Alten. So kommt nun serienmäßig in allen Modellversionen, die wie im Vorjahr in L (ab 12.995 D-Mark), GL (ab 14.595 D-Mark), Ghia (ab 19.895 D-Mark) und S (ab 16.950 D-Mark) unterteilt sind, eine Abdeckung für den Gepäckraum zum Einsatz, zudem neue Bezüge für die Stoffsitze. Damit hat es sich dann aber auch bereits ...

Antriebstechnisch verzichtet Ford ab sofort auf den 1,3-l-Einstiegs-Reihenvierzylinder mit seinen

TEMP
TANK
Ford

K-HS 715

54 PS, sodass letztlich zur Markteinführung noch fünf Aggregate zur Verfügung stehen. Der nun kleinste Capri-Motor besitzt die gewohnten 1,6 Liter Hubraum und eine Leistung von 68 PS bei 5500 U/min. Ebenso erhältlich ist eine 72-PS-Variante.

Den Einstieg in die V6-Welt ebnet der 2,0-l-Motor mit 90 PS bei 5000 U/min, der den Capri auf über 170 km/h Spitzengeschwindigkeit beschleunigt. Während die L- und GL-Versionen maximal mit diesem Aggregat zu ordern sind, wird der S bereits ab Werk damit ausgeliefert. Er ist aber auch mit dem 2,3-l-V6 (108 PS bei 5000 U/min) und dem potenten 3,0-l-V6 mit seinen 138 PS Leistung bei ebenfalls 5000 U/min bestellbar, ebenso der Ghia-Capri. Mit dem größten Motor unter der langen Haube beschleunigt ein guter Fahrer seinen Wagen in unter neun Sekunden auf 100 km/h und muss sich erst bei 200 km/h dem Luftwiderstand beugen.

*← 1978er Capri 2,3 S mit sechs Zylindern und 108 PS bei 5000 U/min*

## Modelljahr 1979

Um dem immer stärker werdenden Ruf nach Wirtschaftlichkeit und genügsamerem Verbrauch nachzukommen, bietet Ford ab 1979 – parallel zum allgegenwärtigen 2,0-l-V6 – ein zweites Aggregat mit identischem Hubraum, allerdings lediglich vier Zylindern in Reihen-Konfiguration an. Der Neue leistet 101 PS bei 5200 U/min und beschleunigt den Capri so immerhin in 10,5 Sekunden auf 100 km/h, um bei 182 km/h seinen Top Speed zu erreichen. Damit ist das Coupé bei gleichem Zylindervolumen in jederlei

*← Blick in die Produktionshalle im Werk Köln-Niehl*

Hinsicht deutlich schneller als der 90-PS-Sechszylinder und zugleich wesentlich sparsamer in Sachen Verbrauch.

Des Weiteren präsentieren die Verantwortlichen ein Sondermodell auf Basis ihres altbekannten Familiensportwagens – den Capri GT4. Der limitierte Sonderling bedient sich diverser Ausstattungsdetails der S-Version, etwa der Sitzbezüge, des Heckspoilers oder der in Wagenfarbe lackierten 13"-Leichtmetall-Sportfelgen mit 185/70er Reifen. Apropos Wagenfarbe: Den GT4 gibt es ausnahmslos in Signalrot, Stratosilber oder schlichtem Weiß zu bestellen; damaliger Kostenpunkt: 14.600 D-Mark.

## Modelljahr 1980

Als einzig relevante Neuerung für das neue Modelljahr 1980 ist die Einführung einer „Econo"-Warnleuchte im Capri, aber auch in allen anderen in Deutschland erhältlichen Ford-Modellen, zu nennen. Das System ist optional erhältlich und schlägt mit immerhin 71 D-Mark zu Buche, was nicht wenige Käufer dazu bewegt, es einfach nicht zu bestellen. Über zwei Lämpchen im Bereich der Instrumente wird dem Fahrer die (Un-)Wirtschaftlichkeit seiner Fahrweise aufgezeigt: Bei gelbem Licht hat dieser den sparsamen Bereich gerade verlassen, das Rot signalisiert die spritfressendste Fahrweise und soll zum entspannteren Fortbewegen animieren. Gesteuert wird die „Econo"-Anzeige über eine Unterdruckmessung im Ansaugkrümmer – weniger Druck bedeutet mehr Verbrauch.

## Modelljahr 1981

Nach dem im Hinblick auf Capri-Neuerungen eher ruhigen Modelljahr 1980 geht Ford im nächsten Jahr gleich in doppelter Form aufs – leistungsstarke – Ganze: Mit dem 2.8 Injection und dem Capri Turbo übergibt man gleich zwei extrasportliche PS-Boliden in Kundenhände. Ebenso wie der RS 2600 aus dem Modelljahr 1970 verfügt auch der ab 25.950 D-Mark erhältliche 2.8 Injection über einen Einspritzmotor, der nun allerdings anstelle einer mechanischen Einspritzanlage

↑ *Der 1981 eingeführte 2.8 Injection verfügt über einen V6-Einspritzmotor mit Bosch-K-Jetronic, der 160 PS bei 5700 U/min zur Verfügung stellt. Sie lassen das Sportcoupé in 8,3 Sekunden die 100-km/h-Grenze durchbrechen.*

über eine zeitgemäßere Bosch-K-Jetronic verfügt, die zugleich den Verbrauch des neuen Aggregates deutlich absenkt. Aus 2772 Kubikzentimetern Hubraum stellt der in V-Form ausgearbeitete und ausnahmslos an ein Viergang-Schaltgetriebe gekoppelte Sechszylinder immense 160 PS bei 5700 U/min zur Verfügung, die das Sportcoupé in 8,3 Sekunden die 100-km/h-Grenze durchbrechen lassen.

Der Beschleunigungseuphorie im rund 1250 Kilogramm leichten Wagen wird erst bei beeindruckenden 210 km/h Einhalt geboten, sodass vergleichbare, aber oftmals teurere Konkurrenten wie der Porsche 924 oder Opel Monza arg in Bedrängnis geraten. Neben dem potenten Antrieb gibt Ford dem 2.8-Injection-Kunden aber auch noch ein tiefergelegtes Fahrwerk mit Bilstein-Komponenten, innenbelüftete Scheibenbremsen, größere Stabilisatoren und 7-x-13"-Leichtmetallfelgen mit 205/60er Reifen an die Hand. Während des Pilotierens entspannt der Injection-Fahrer auf blau-grau karierten Recaro-Sportsitzen, während sich sein Bolide unter anderem anhand der Seitenstreifen mit ihrem Injection-Schriftzug als echter Sportler im öffentlichen Straßenverkehr outet.

↑ Wer im Jahr 1981 bereit und in der finanziell glücklichen Lage ist, zusätzliche 7350 D-Mark auf den Preis eines 2.8 Injection drauflegen

zu können, dem versüßt Ford das Leben mit dem auf lediglich 200 Exemplare limitierten Capri Turbo. Sein mechanisches Herz bildet ebenfalls ein 2,8-l-V6, allerdings verfeinert mit einem Abgas-Turbolader, der auf dem Prüfstand letztlich für satte 188 PS bei 5500 U/min und eine Beschleunigung in 8,0 Sekunden auf 100 km/h sorgt. Zudem ist der Capri Turbo in Sachen Endgeschwindigkeit noch 5 km/h schneller als der 2.8 Injection. Fahrwerksseitig verfügt das Topmodell über die gleiche Auslegung wie der kleinere Bruder, optisch allerdings geht man beim Turbo mit seinen im Windkanal optimierten breiteren Kotflügeln, den großen Spoilern vorne wie hinten und den 235/60er Breitreifen einen gewaltigen Schritt weiter. In seinem Innenraum finden sich in graues Velours gehüllte Sportsitze und weitere Annehmlichkeiten.

2.8 Injection sowie Capri Turbo sind neben ausgewählten normalen und Metallic-Farbtönen auch in einer Zweifarbkombination bestellbar, die sich aus Stratosilber und wahlweise Graphitgrau oder Kobaltblau zusammensetzt. Gegen Aufpreis gibt es für den Turbo auch ein Sperrdifferential.

## Modelljahr 1982

↑ *1981er Capri Turbo im Farbton Stratosilber*

Ab Modelljahr 1982 sind im Capri gleich zwei Sechszylinder-Aggregate nicht mehr lieferbar: die Zwei- und Drei-Liter-Versionen mit 90 beziehungsweise 138 PS. Der Konzern verzichtet auch auf die GL-Ausstattung, sodass letztlich nur noch L, S und Ghia existieren. Dafür bereichert ein weiteres Sondermodell das Portfolio, das Ford auf den Namen GT tauft.

Der GT besticht durch sein Höchstmaß an Innenausstattung, die unter anderem die Instrumente des S-Modells mit Öldruckanzeige, Batterieladezustand, Drehzahlmesser und Tageskilometerzähler, ein Sportlenkrad oder die Mittelkonsole mitsamt Staufach und Uhr umfasst. Motorisiert ist der auf der Straße anhand seines besonderen Seitenstreifens und des Heckspoilers erkennbare GT wahlweise mit dem nun 73 PS starken 1,6-l-Vierzylinder oder dem 2,0-l-R4 mit 101 PS. Preislich liegt er mit 16.110 D-Mark lediglich rund 900 D-Mark über dem Capri L mit 1,6-l-Aggregat, was ihn zu einem echten Preisbrecher macht.

K-HS 715

## Modelljahr 1983

Weitreichende Verkaufseinbrüche beim Capri aufgrund zunehmender Konkurrenzmodelle zwingen Ford zu einer Reaktion. Der Konzern wirkt dem Abwärtstrend zum Modelljahr 1983 mit zweierlei Schritten entgegen: Zum einen bietet man sein Sportcoupé mit energischen Preisnachlässen an, die sich am deutlichsten beim Modell 2.8 Injection zeigen, dessen Verkaufspreis um 2700 D-Mark auf 27.400 D-Mark gesenkt wird. Zum anderen erweitern die

*→ Auch bei Generation Nummer 3 betont Ford in der Werbung weiterhin den überzeugenden Stauraum des Coupés.*

Verantwortlichen die Serienausstattung aller Modelle, um mehr Käufer zum Capri-Kauf zu bewegen. So umfasst nun bereits die Basisversion einen zweiten Außenspiegel rechts (der Spiegel auf der Fahrerseite ist zudem von innen verstellbar) und einen abblendbaren Rückspiegel. Des Weiteren dabei: eine Kontrollleuchte für die Handbremse, neue Sitzbezüge im Karo-Look und ein Türschlüssel mit integriertem Licht zum schnellen Finden des Schlüsselloches bei Dunkelheit. Wichtiger jedoch: Alle Modelle werden ab sofort serienmäßig mit einem Fünfgang-Schaltgetriebe ausgeliefert, um den Kraftstoffverbrauch der Capri-Motoren zur Freude der Kunden noch mehr zu senken.

Während das Ford-Marketing den Ghia und den 1,6-l-Motor rigoros aus dem Programm streicht, verpasst man sowohl dem GT- als auch dem S-Modell einen potenteren Basismotor. Im GT bedeutet dies ab Werk zwei Liter Hubraum, vier Zylinder und 101 PS an Leistung, im S sogar 2,3 Liter, sechs Zylinder und 114 PS. Alternativ erhältlich ist beim S – der ebenfalls eine Preisreduktion um 1600 auf 18.900 D-Mark erfährt – aber auch der kleinere Vierzylinder.

K-UD 357
K-UD 364

## Modelljahr 1984

Zum Modelljahr 1984, zwei Jahre vor der geplanten Einstellung seines Sportcoupés, unterzieht Ford seine Capri-Angebotspalette einer weiteren Ausdünnung. Wählen kann der Kunde nun lediglich noch zwischen dem Super Injection und dem Super GT. Letzterer verfügt ab Werk über den zwei Liter großen und 101 PS starken Reihen-Vierzylinder und ist optional mit dem 2,3-l-V6 mit 114 PS zu bestellen.

Zudem sind beim Super GT Details wie der Kühlergrill oder die Außenspiegel in Wagenfarbe lackiert und 6-x-13"-Leichtmetallfelgen mit 185/70er Reifen, Zierleisten, Stoßstangenhörner oder auch ein Heckspoiler montiert. Ebenso zum Serienumfang gehören Recaro-Sportsitze mit Ledereinsätzen und ein ebenfalls mit Leder veredeltes Sportlenkrad sowie ein dazu passender Lederüberzug für den Schaltknauf.

Das Topmodell Super Injection wird vom 2,8-l-V6 befeuert, der 160 PS bei 5700 U/min zur Verfügung stellt und den Capri auf rund 215 km/h beschleunigt.

In acht Sekunden durchbricht der Wagen, der unter anderem serienmäßig über 7-x-13"-Leichtmetallfelgen mit 205/60er Reifen, ein Sportfahrwerk, Servolenkung, ein Schiebedach, eine elektrische Antenne, eine Scheinwerfer-Reinigungsanlage und sogar ein Sperrdifferential verfügt, die 100-km/h-Schallmauer.

## Modelljahr 1985 & 1986

Während Ford bereits im November des Jahres 1984 die Produktion des Capri in den deutschen Ford-Werken einstellt, wird das Sportcoupé in Großbritannien weiter produziert und in den Modelljahren 1985 und 1986 mit jeweils rund 10.000 Exemplaren noch immer gut verkauft – allerdings ausnahmslos für den eigenen Markt in Rechtslenker-Auslegung.

ertrauen

Der 19. Dezember 1986 markiert das endgültige Aus des europäischen Mustang-Ablegers, der mit insgesamt 1.886.647 verkauften Exemplaren in die erfolgreiche Konzerngeschichte eingeht. Der letzte in England an diesem Tag produzierte Wagen wird mit einem 2,8-l-V6 unter der Haube und in „Brookland-Green"-farbener Außenhaut an seinen stolzen Kunden ausgeliefert.

Gruppe: 1
TRIM-OST

BP
SACER
RTL
DUNLOP
Shell
Firestone
27

# Erfolgsverwöhnter Motorsportler

Neben seinen 17 Jahren Existenz im offiziellen Straßenverkehr gelingt es auch Rennteams bereits sehr früh, mit dem smarten Sportcoupé Motorsporterfolge auf den weltweiten Rennstrecken zu erzielen. In unterschiedlichsten Klassen machen Fahrer wie Hans Stuck, Jochen Mass, Klaus Ludwig, Niki Lauda oder auch Hans Heyer in ihren Capris von sich reden und lassen die Fangemeinde rund um den europäischen Mustang-Ableger weiter wachsen. Mit dem erfolgreichen Einsatz im Motorsport verbindet Ford nicht nur bessere Absatzmöglichkeiten für die Straßenfahrzeuge, sondern nutzt ebenso die Erfahrungen im Extremeinsatz zur technischen Weiterentwicklung der Serienmodelle für die Kunden.

Verantwortlich für das Gesamtkonstrukt rund um Ford Motorsport zeichnet Ende der 1960er-Jahre Jochen Neerpasch, der sich um die optimale Umsetzung des Konzern-Renngeschehens in Deutschland kümmert.

Bereits im März 1969 setzt das eingespielte Werksteam im Rahmen der „Rallye Stuttgart–Lyon–Charbonniéres" gleich zwei frisch auf die Räder gestellte Konzern-Capris ein. Beide auf dem 2300 GT basierenden Rennwagen werden von einem überarbeiteten V6 angetrieben, der nun anstatt 125 PS dank dreier Doppelvergaser satte 170 PS an die Hinterachse liefert. Bei einem Leergewicht von rund 900 Kilogramm begeistern die eingesetzten Ca-

*← Deutsches Doppelpack: Jochen Mass und Hans-Joachim Stuck 1972 in Le Mans*

pris so durch sportive Fahrleistungen, die im Gesamtklassement des Premierenrennens einen siebten und vierten Rang wahr werden lassen. Team 1 mit Jean-Francois Piot und Jean Todt sowie Team 2 mit Dieter Glemser und Klaus Kaiser am Steuer starten mit ihren Capris in der Prototypenklasse, da eine endgültige Homologation der Fahrzeuge durch 250 an Kunden verkaufte Fahrzeuge bis zu diesem Punkt noch nicht erfolgt ist.

Dank Neerpaschs Initiative können Privatfahrer schon bald eine Wettbewerbsversion des Sportcoupés, den Capri 2.6 RS, über die Rennsportabteilung bestellen. Der auf dem Genfer Salon im Jahr 1970 vorgeführte Rennwagen kommt als Leichtbau-Version mit vielen Karosserieteilen aus Kunststoff daher, etwa in Gestalt der Türen, des Kofferraumdeckels oder der Fensterscheiben. Den Innenraum dominieren Vollschalensitze, auf Dämm-Materialien wurde zwecks Gewichtsersparnis verzichtet.

*→ Le Mans 1972: Der Deutsche Dieter Glemser im Capri 2600 RS mit der Startnummer 52*

Shell
Shell
DUNLOP

Gulf
ALFA-ROMEO
PERNOD
TOTAL TOTAL
BOSCH
BARDAHL BARDAHL
CIBIE CIBIE
MARTELL
GENERAL - INCENDIE

Unter der Motorhaube weist der Renn-Capri einen auf 2,8 Liter Hubraum aufgebohrten Sechszylinder in V-Form auf, der anstatt der gewohnten Kugelfischer-Einspritzanlage über einen Normalvergaser verfügt. Letzterer ist in unterschiedlichsten Versionen bestellbar, ebenso andere Ventile, Auspuffanlagen, Räder, Spoiler, Fahrwerksteile und mehr, um den Kunden eine möglichst optimale Anpassung an den eigenen Renneinsatz des Capri zu ermöglichen.

Nach ersten überzeugenden „Gehversuchen" in der Saison 1969 konzentriert sich die Motorsportabteilung im Folgejahr noch intensiver

Castrol
12

auf das Rennsportgeschehen. Aus ehemals zwei eingesetzten Fahrzeugen werden im Jahr 1970 deutlich mehr: In der Tourenwagen-Europameisterschaft tritt man mit gleich drei Fahrzeugen an, hinzu kommen Rallye-Einsätze mit zwei Capris und Starts in der Bergrennen-Serie mit Jochen Mass am Steuer, der sich in der Saison in seiner Klasse sogar den Vizetitel für Ford sichern kann.

Frohen Mutes beschließt Ford auch den Einsatz dreier Capris bei der „East African Safari Rally", einem der härtesten und anspruchsvollsten Rennwettbewerbe der damaligen Zeit mit einer Gesamtstrecke von über 5000 Kilometern und mehr als 90 teilnehmenden Fahrzeugen. Leider scheiden alle Ford-Teams mit Fahrzeugdefekten aus; auch die Renneinsätze in den anderen Serien werden von technischen Ausfällen der Capri-Renner überschattet.

Kaum ein Jahr später sollte sich das teils unglückselige Motorsportgeschehen zu einem Besseren wenden: Mit zahlreichen Rennserieneinsätzen in aller Welt (unter anderem auch wieder in Südafrika), zehn engagierten Profi-Rennfahrern hinter den Capri-Lenkrädern und nicht zuletzt der erfolgreichen Homologation des RS 2600 steht Siegen nichts mehr im Wege.

Der äußerst standfeste V6 des Renn-RS 2600 verfügt jetzt über 2,9 Liter Hubraum und rund 280 PS an Leistung, was dem Sportwagen in Kombination mit dem ZF-Fünfgang-Schaltgetriebe zu Spitzengeschwindigkeiten jenseits der 260 km/h verhilft. Die großzügige Verwendung von Kunststoffkomponenten im Bereich von Türen, Motorhaube, Kofferraumdeckel und Scheiben sowie der Einsatz von leichtgewichtigen Aluminiumteilen halten das Capri-Gesamtgewicht bei 900 Kilogramm.

Eine konkurrenzfähige Gewichtsverteilung gewährleisten die Ford-Ingenieure unter anderem durch die Neuplatzierung des Trockensumpfschmierungstanks im hinteren Teil der Rennwagen oder durch das im Renn-RS 2600 weiter nach unten und hinten versetzte Antriebsaggregat.

Mit all dieser überzeugenden Technik ausgestattet, gelingt es Jochen Mass, in seinem Capri RS 2600 in allen Saisonläufen der Deutschen Rennsport-Meisterschaft des Jahres 1971 als Erster über die Ziellinie zu fahren, was ihm den Titel des Deutschen Meisters beschert. Parallel dazu wird Capri-Pilot Dieter Glemser zum Tourenwagen-Europameister in der Klasse über zwei Liter Hubraum gekürt. Derart hochmotiviert steht für Neerpasch und sein Team für die bevorstehende Saison 1972 eines glasklar fest: Noch mehr Siege müssen her!

↑ *Trio infernale: die Capri-Rennwagen im französischen Le Mans in der Boxengasse*

Gesagt, getan: Bewaffnet mit dem nun auf drei Liter Hubraum und 300 PS erstarkten Capri RS folgen Siege in Hülle und Fülle. Jochen Mass freut sich über den Titel des Tourenwagen-Europameisters, während Ford-Rennstallkollege Dieter Glemser den Vizetitel einfährt. Der gerade ins Ford-Team gewechselte Hans-Joachim Stuck stärkt seinen Status am Ende der Saison 1972 mit neun von zehn gewonnenen Rennen als Meister in der Deutschen Rennsport-Meisterschaft, die Kollegen Claude Bourgoignie und Timo Mäkinen wiederum siegen in ihren Capris im Rahmen der belgischen Renn- und der finnischen Eismeisterschaft. Auch das legendäre 24-Stunden-Rennen im französischen Le Mans dominieren zwei Werks-Capris im separat gewerteten Tourenwagenklassement. Doch damit sollte es mit den Standfestigkeitsbeweisen von Mensch und Maschine noch immer nicht genug sein: Auch im belgischen Spa-Franchorchamps bringen die Ford-Mannen einen 24 Stunden andauernden Renneinsatz hinter sich, bei dem gleich drei Capris die Spitzenplätze für sich einnehmen.

Die Saison 1973 ist durch Umbrüche geprägt: So verfügen die jetzt 320 PS starken Capris über neu konzipierte eckige Kotflügelverbreiterungen und einen größer dimensionierten Frontspoiler, um die Aerodynamik weiter zu optimieren. Zugleich wechseln Hans-Joachim Stuck und Harald Menzel zum Motorsportgegner BMW und folgen so Jochen Neerpasch und Cheftechniker Martin Baumgart, die bereits ein Jahr zuvor das Ford-Lager in Richtung Bayern verlassen hatten. Ab sofort verantwortlich für den Bereich Technik zeichnet nun Thomas Ammerschläger; Jackie Stewart ergänzt das dezimierte Rennfahrerlager des Konzerns. Neben all jenen Vorgängen hält Dieter Glemser die

↓ *Donnington Park, Großbritannien, 1980: Klaus Ludwig hinter dem Steuer des Zakspeed-Capri*

*→ Das legendäre 24-Stunden-Rennen im französischen Le Mans dominieren im Jahr 1972 zwei Capris im separat gewerteten Tourenwagen-Klassement. Hier ist der Capri 2600 RS von Gary Birrel und Claude Bourgoignie mit der Startnummer 54 zu sehen.*

Ford-Fahne hoch und wird Deutscher Rennsportmeister des Jahres 1973.

In der Folgesaison setzen die Ford-Mannen auf einen neuen Antrieb in ihren Werksrennwagen. Unter den Hauben der Capris kommt nun ein Aggregat aus englischer Entwicklung zum Einsatz, umgesetzt von den Motorenspezialisten Mike Costin und Keith Duckworth, deren Firma bis in die heutige Zeit besser bekannt ist unter dem Namen Cosworth. Den neuen V6 kennzeichnen seine Vierventil-Technik und die vier obenliegenden Nockenwellen, satte 415 PS versprechen erfolgreiche Renneinsätze. Erstmals kommt auch ein neuer Heckspoiler an den Sportwagen zum Einsatz, der umgangssprachlich schnell auf den Namen „Entenbürzel" hört. Das Team rund um die Deutschen Hans Heyer und Klaus Ludwig sowie den Niederländer Toine Hezemans sichert sich

1974 den Titel als Tourenwagen-Europameister, auch in der Markenwertung gibt das blaue Oval den Ton an. Leider überschattet die weltweite Energiekrise die Rennsportambitionen vieler Hersteller, und auch Ford reagiert auf die wirtschaftliche Problematik. Endc 1974 stellt Ford Motorsport sein Engagement letztlich ganz ein; lediglich private Rennteams nutzen das Kölner Sportcoupé weiterhin als Einsatzwagen oder bedienen sich seines soeben auf dem Markt erschienenen Nachfolgers.

Nach mehr als drei Jahren Stille melden sich die Ford-Verantwortli-

← *1974: Capri-Duo auf dem Norisring in Nürnberg*

*← Saison 1980: Hier pilotiert Fahrer Hans Soldeck den zweiten der Zakspeed-Renn-Capris mit ihrer bis zu 650 PS starken Leistung.*

chen am 29. Juli 1978 im Rahmen des achten Laufs der Deutschen Rennsportmeisterschaft mit einem (Capri-)Paukenschlag zurück: Zusammen mit dem Zakspeed-Team rund um Peter Zakowski präsentiert man den „Gruppe 5 Ford Zakspeed Turbo Capri", ein extraflaches und im Windkanal von Thomas Ammerschläger erarbeitetes Coupé mit Hauben, Türen, Kotflügelverbreiterungen und Spoilern aus leichtem und verwindungssteifem Kevlar und teilweisen Kunststoffscheiben.

Der auf einer Bodenplatte aus Aluminium in Monocoque-Bauweise konzipierte und von Hans Heyer pilotierte Rennwagen wird von einem Vierzylinder-Aggregat mit lediglich 1,4 Litern Hubraum (Verdichtung 7,0 zu 1) angetrieben, welches allerdings dank eines „Kühnle, Kopp & Tausch"-Abgas-Turboladers zwischen 380 und 600 PS (je nach Ladedruck, im Innenraum vom Fahrer verstellbar) mobilisiert. Gelochte und über einen separaten Wasser-

← *Rennerlebnisse im belgischen Zolder im Jahr 1979: Klaus Ludwig hinter dem Steuer des Zakspeed-Capris*

tank wasserbelüftete Scheibenbremsen halten den über 280 km/h schnellen und mit einem Fünfgang-Schaltgetriebe ausgestatteten Boliden im Zaum.

Eine Einzelradaufhängung mit McPherson-Federbeinen vorne und einer Starrachs-Konstruktion an vier Längslenkern im Heck sorgen für ein optimales Fahrverhalten auf der Rennstrecke. Dank der Verlagerung von Wasser-, Motor- und Getriebeölkühler in die breiten Kotflügel und der Installation von Batterie, Feuerlöschanlagen-Vorratsbehälter und des Tanks für die Trockensumpfschmierung im Kofferraum ist die Gewichtsverteilung des neuen Capri-Sportlers nahezu perfekt.

Eingesetzt wird der dank Hauptsponsor Mampe in Schwarz, Rot und Gelb lackierte Wagen in der Zweiliter-Klasse der Deutschen Rennsportmeisterschaft, an der er erfolgreich, allerdings ohne Titelgewinn teilnimmt. In der Folgesaison schickt man einen zweiten Zakspeed-Capri ins Rennen um den Titel des Deutschen Meisters, zugleich stattet man beide Rennwagen mit einem massigeren, aber zugleich noch effektiveren Heckspoiler aus.

Letzterer und die Erweiterung des Turbo-Vierzylinders von 1,4 auf 1,8 Liter Hubraum, nun mit maximal 650 PS Leistung und 300 km/h Höchstgeschwindigkeit, bescheren dem Ford/Zakspeed-Team in der Saison 1980 endlich die erhofften Erfolge. Klaus Ludwig fährt in sechs

BP course
nouvelle huile BP
BP
TEXACO
TEXACO

Shell
GOODYEAR
2
WÜRTH
komplett
BOSCH
Shell
WÜRTH

← *Im Jahr 1981 erlangt Klaus Ludwig den Gesamttitel in der Deutschen Rennsport-Meisterschaft.*

Rennen als Erster über die Ziellinie, wobei ihm leider zwei Siege wegen eines scheinbar zu breiten Heckflügels im Nachhinein wieder aberkannt werden. Dies führt letztlich dazu, dass Ludwig im Gesamtklassement vom Saisonsieg unglücklicherweise auf den dritten Platz zurückfällt.

Für die Saison 1981 überarbeiten die Ford-Ingenieure den Wagenboden des Capri in aerodynamischer Hinsicht, um den Anpressdruck der Rennwagen auf den Asphalt weiter zu erhöhen.

Derart verbessert, dominiert Klaus Ludwig in seinem über 600 PS starken Boliden die Deutsche Rennsport-Meisterschaft und sichert sich zum Saisonende mit zehn von 13 gewonnenen Rennen und allen Starts von der Pole-Position den Gesamttitel, unter anderem gegen Konkurrenten wie den Porsche 935 Turbo mit rund 700 PS Leistung.

Der neu verpflichtete Rennfahrer Manfred Winkelhock fährt in seinem Capri auf den dritten Saisonrang vor. Neben all dieser Rennstrecken-Action wird der Zakspeed-Turbo-Capri abseits der Piste als „Motorsport-Automobil des Jahres" ausgezeichnet.

Mit den Jahren 1982 und 1983 geht die Ära der Capri-Rennsporteinsätze auf Asphalt ihrem Ende entgegen. Abgesehen von Privatteams, die den Capri weiterhin als Projektbasis nutzen, sind den Semi-Werkswagen von Zakspeed und Ford nur noch wenige Einsätze gegönnt.

→ *Actionreich: einer der legendären Renn-Capris bei der 2003er Auflage des „Goodwood Festival of Speed"*

## Allrad-Capri

Während man sich in Deutschland ausschließlich dem Einsatz des Capri auf befestigten Untergründen widmet, kommen die Kölner Sportcoupés in Großbritannien zwischen 1969 und 1971 auch im Rallye-Cross-Bereich zum Einsatz.

Bereits im Februar 1969 erlangen die Werksrennwagen, gefahren von den Brüdern Roger und Stan Clark, in Form zweier Capri 3000 GT mit V6-Motoren, rund 250 PS Leistung und installiertem Allradantrieb ihren ersten Sieg, um danach extrem überlegen weitere Auszeichnungen für die Ford Motor Company einzustreichen. Zusätzlich erhält das Team rund um Fahrer Rod Chapman eine Semi-Werksunterstützung und geht ebenso erfolgreich an den Start.

Im Laufe der Folgesaisons 1971 und 1972 werden dem Capri aufgrund seiner Überlegenheit gegenüber den Gegnern beim Start sogar Strafzeiten von mehreren Sekunden auferlegt, um den anderen Rennteams mögliche Chancen zum Sieg offenzuhalten. Ab 1973 wird es schließlich still um die allradgetriebenen Sportler mit dem blau-ovalen Logo auf der Motorhaube.

↑ *Britischer Rallye-Cross-Einsatz: Bereits im Februar 1969 erlangen die Brüder Roger und Stan Clark im Capri 3000 GT mit V6-Motor, rund 250 PS Leistung und installiertem Allradantrieb ihren ersten Sieg, um danach extrem überlegen weitere Auszeichnungen für die Ford Motor Company einzustreichen.*

K-DZ 933

# Meister der Individualisierung

Neben den ohnehin schon nicht geringen Möglichkeiten, sich seinen Capri im Hinblick auf Außenfarbe, Motorisierung und Ausstattungsvariante auf die eigene Persönlichkeit und natürlich den Inhalt des Geldbeutels zurechtzuschneidern, bietet Ford ab Werk auch eine Vielzahl an

*Für den Dreier-Capri gab es separat erhältliche „RS-Kits", die unter anderem breitere Felgen, zusätzliche Spoiler, andere Fächerkrümmer oder eine größere Bremsanlage umfassten.*

Sonderequipment in einem separaten Katalog an. Der Auslöser hierfür ist der Wunsch der privaten Kundschaft, ihren Motorsportidolen hinter dem Steuer der Renn-Capris im Straßeneinsatz und natürlich mit TÜV-Segen nacheifern zu können. Darüber hinaus umfasst das Zubehörprogramm aber auch Teile und Bausätze, um einen Serien-Capri in einen echten Rennwagen für den Wettbewerbseinsatz zu verwandeln. Ab Werk bestellbar sind nicht nur Felgensätze in sportlichen Breiten oder Dekorsets für die Karosserie, sondern ebenso Motorbausätze zur Leistungssteigerung des V6, ein Rallye-Kit mit Unterfahrschutz, Zusatzscheinwerfern und vielem mehr oder auch stärkere Bremsanlagen. Doch vom Tuning ab Werk einmal abgesehen stürzen sich auch zahlreiche freie Firmen auf die weiterführende Veredelung und Optimierung des sportlichen Kölners.

Besonderer Beliebtheit erfreut sich die Verwendung unterschiedlichster Turbolader, um den Sechszylindern (noch) mehr Leben einzuhauchen. Allen voran offeriert die Firma May aus Hechingen bereits im Jahr 1970 einen ersten Einbausatz für den eigenen Capri. Das „Turbo-May"-Schild am Coupé-Heck verspricht eine Leistungssteigerung für alle 2,3-l-Motoren von 108 Werks-PS auf eindrucksvolle 180 PS bei gedrosselten 6100 U/min. Derart überarbeitet beschleunigt der Capri dank seines Abgas-Turboladers auf bis zu 200 km/h und kann so vielen Sportwagen der damaligen Zeit Paroli bieten.

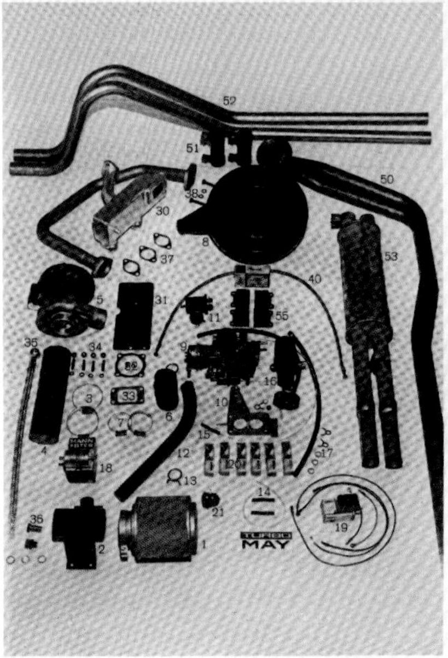


**Der komplette May-Turbolader Einbausatz auf einen Blick.**

1 Rohlufttfilter
2 Halter für 1
3 Schlauchschellen für 4 (70 ø)
4 Rohluftschlauch
5 Abgas-Turbolader
6 Ladeluftverbindungsstück
7 2×Schellen 50 ø
8 Luftberuhiger
9 Vergaser
10 Zwischenflansch
11 Luftsteuerventil
12 Flexschlauch 32 ø
13 Klemmen
14 Luftsteuerleitung
15 Kraftstoffsteuerleitung
16 elek. Benzinpumpe 12 V 2 atü mit Regelventil
17 Benzinleitungen
18 Benzinfilter
19 Relais für Benzinpumpe und Kabelsatz
20 Spezialzündkerzen
21 Drehzahlbegrenzer
22 Spezialzündung mit Kerzen (Sonderzubehör)
30 Abgassammelrohr
31 Strahlungsschutz Turbine
32 Turbinenauslaßdichtung
33 Turbineneinlaßdichtung
34 Turbinenverschraubung
35 Ölrücklaufschlauch Turbine
36 Verschraubungen und Dichtungen für 35 an Kurbelwanne
37 Auspuffdichtungen
38 Verschraubung Auslaßkrümmer
40 Ölzulauf Turbine
41 Anschluß-Stück Öldruckgeber
50 Hosenrohr
51 Verbindungsmuffen
52 Auspuffleitungen
53 Schalldämpfer
55 Spezial Bremsbeläge

*← Von den Capri-Cabrios aus dem Hause Karl Deutsch oder Crayford entstanden nur wenige Hundert Exemplare. Entsprechend hoch ist der heutige Wert solcher Modelle.*

Abgeleitet hat man das May-System aus dem Dieselmotorenbereich, die Ladergruppe des mehr als fünfteiligen Systems sitzt an der rechten Motorseite. Neben dem Motorentuning vertreibt May aber auch Leichtmetallfelgen, Schalensitze, Sperrdifferentiale, Spezialkupplungen, Hochleistungszündanlagen oder Überrollbügel für den Capri-Innenraum. Auf individuellen Kundenwunsch entstehen in der Werkstatt in Baden-Württemberg auch komplette Wettbewerbsmotoren.

Neben vielen Firmenangeboten rund um Motormodifikationen widmen sich aber auch einige wenige Unternehmen dem weitreichenden Umbau des oberen Karosserieteils. Wer will, rollt mit seinem Capri der ersten Generation etwa zu Karl Deutsch in Köln oder verschifft sein Sportcoupé zu Crayford nach Groß-

britannien, wo man den Millionseller in ein „Oben-ohne"-Erlebnis verwandelt. Letzterer Umbau gestaltet sich aber als äußerst aufwändig, war es mit dem Abtrennen des kompletten Daches doch bei Weitem nicht getan. Da das Capri-Dach einen wichtigen Punkt in Sachen Verwindungssteifigkeit darstellt, müssen Deutsch und Crayford zahlreiche Verstrebungen im Fahrzeug unterbringen, was wiederum den Preis des Umbaus mit knapp über 4000 D-Mark äußerst kostspielig macht.

Aus diesem Grund entstehen insgesamt nur wenige Hundert Exemplare der Cabrio-Capris, was sie zur heutigen Zeit zu äußerst raren und begehrenswerten Zeitgenossen macht. Im Laufe der Folgejahre entstehen auch bei den Generationen 2 und 3 unterschiedlichste Frischluft-Versionen, vornehmlich in Angriff genommen von britischen Unternehmen.

Einen noch größeren Seltenheitswert hat eine kreative Umgestaltung des Sportcoupés – der Aston Martin Tickford Capri. Er entstand auf der Basis des Capri 3 und ist das Resultat aus einem Gespräch

DENNERT PORAVER GMBH
blümel capri tuning
LAU 0728

zwischen dem damaligen Ford-Europa-Präsidenten Robert A. Lutz und Victor Gauntlett, der damals Großaktionär beim Sportwagenhersteller Aston Martin war.

Insgesamt 83 Fahrzeuge entstehen so beim renommierten britischen Unternehmen Tickford, das serienmäßige 2,8-l-V6-Capris mit Turbolader und Ladeluftkühlung in 208 PS starke Straßengeschosse mit 225 km/h Höchstgeschwindigkeit verwandelt. Optisch bestechen die in unter sechs Sekunden auf 100 km/h beschleunigenden Boliden durch ein Rundum-Spoilerpaket, spezielle Radkappen oder auch einen aerodynamisch optimierten Kühlergrill. Im Innenraum wiederum überzeugen die Aston Martin Capris durch edle Materialien wie Holzintarsien und Leder. Natürlich hat all dieser Luxus seinen Preis: Über 60.000 D-Mark müssen die Kunden für ein eigenes Exemplar des wohl exklusivsten Capris investieren.

Wer nicht derart viel Geld zur Verfügung hat, vertraut wie ein Großteil der Privatleute einfach auf die eigene Kreativität und verwandelt sein Sportcoupé mit viel Eigenleistung in ein automobiles Glanzstück. Und eben ein solches Glanzstück ist der Capri noch heute – egal welche Generation, egal ob im Serienzustand, mit Werkstuning, von freien Unternehmen oder in der heimischen Garage modifiziert. Dem Ford Capri ist ein Platz in der deutschen Automobilgeschichte sicher – so oder so.

*← Mit viel Kreativität widmen sich noch heute viele Privatleute oder kleinere Firmen dem Umbau der drei Capri-Generationen.*

*↑ Geht nicht, gibt's nicht: Flügeltüren am Capri 3*

# LONDON UNDERGROUND ALBUM

Andrew Phipps

# LONDON UNDERGROUND ALBUM

## Band 1 | Vol. 1: Subsurface Lines

Circle Line

Hammersmith & City Line

Metropolitan Line

District Line

Unser Dank für ihre Hilfe geht an Brendan Fox, Brian Hardy, Felix Thoma, Olaf Wenke, Peter Tonkin und Stephen Burke.

**Robert Schwandl Verlag**
**Hektorstraße 3**
**D-10711 Berlin**

**Tel.: +49 (0) 30 - 3759 1284**
**Fax: +49 (0) 30 - 3759 1285**

**www.robert-schwandl.de**
**books@robert-schwandl.de**

1. Auflage, 2022



Druck: PIEREG Druckcenter Berlin GmbH

**ISBN 978-3-936573-71-8**

**INHALT | *Contents***

Baker Street (1863)

Rayners Lane (1938)

**VORWORT**

Dies ist der erste Band einer geplanten Trilogie, welche die unterschiedlichen Stile der Bahnhöfe der weltberühmten Londoner U-Bahn beleuchtet. Dieser Band umfasst alle 103 Stationen der vier sog. „Subsurface"-Linien: Circle, Hammersmith & City, Metropolitan und District Line. Darunter befinden sich die ältesten unterirdischen Stationen der Welt aus dem Jahr 1863, als die ersten von Dampflokomotiven gezogenen Züge durch die Tunnel unter dem Zentrum von London rollten, und einige der markanten Vorortbahnhöfe im sachlichen Stil der 1930er Jahre. Viele Stationen sind als „Gebäude von besonderem architektonischen oder historischem Interesse" denkmalgeschützt, andere bewahren historische Elemente, die bei jüngsten Renovierungsarbeiten erhalten bzw. wiederhergestellt wurden.

Das Buch beginnt mit einer kurzen Beschreibung des „Subsurface"-Netzes und seiner Entwicklung, danach nehmen wir den Leser auf eine Fahrt auf jeder Linie mit, wobei ein Blick auf alle Bahnhöfe geworfen wird. Die Reise beginnt mit einer Fahrt im Uhrzeigersinn um das Zentrum Londons auf dem ursprünglichen „Inner Circle", heute der Ringabschnitt der Circle Line, und führt dann hinaus in die Vororte, zunächst entlang des westlichen Abschnitts der Hammersmith & City Line aus dem Jahr 1864, dann nach Nordwesten entlang der Metropolitan Line in das vorstädtische „Metro-Land" und schließlich entlang der verschiedenen westlichen Äste und des einzigen östlichen Strangs der District Line. Die „Subsurface"-Linien bieten Freunden des städtischen Schienennahverkehrs viel Interessantes und wir hoffen, dass viele von Ihnen wieder einmal nach London kommen, um die faszinierende U-Bahn selbst zu erleben.

***FOREWORD***

*This is the first volume of a planned trilogy exploring the many fascinating styles of station to be found on the world-famous London Underground network. It covers all 103 stations on the Underground's four 'subsurface' lines - the Circle, Hammersmith & City, Metropolitan and District Lines. Among these are the oldest underground stations in the world dating from 1863 when steam locomotives started pulling trains in tunnels beneath central London as well as some of the Underground's iconic Modernist-style suburban stations dating from the 1930s. Many stations are listed as 'Buildings of Special Architectural or Historic Interest' and many others retain heritage features which have been preserved or replicated during recent refurbishment works.*

*The book starts with a brief description of the 'subsurface' network and its development and then takes a ride along each line in turn, illustrating all stations along the way. The journey begins with a clockwise trip around central London on the original 'Inner Circle', now the loop section of the Circle Line, and then continues outwards into the suburbs, firstly along the western section of the Hammersmith & City Line dating from 1864, then northwest along the Metropolitan Line into suburban 'Metro-Land', and finally along the several western branches and the eastern leg of the District Line. The subsurface lines offer plenty of interest for urban rail enthusiasts and we hope many of you will be able to visit London and enjoy your own explorations.*

*London, October 2022*

*Andrew Phipps*

**Anmerkungen:**

- Viele Stationsnamen haben sich im Laufe der Jahre geändert. In diesem Buch werden nur die heutigen Namen verwendet, wobei frühere Namen im Index auf Seite 154 aufgeführt sind.
- In einigen der Bahnhöfe in diesem Buch halten sowohl "Subsurface"- als auch "Tube"-Linien. Die Stationsteile der "Tube"-Linien werden in zwei zukünftigen Bänden beschrieben, die alle Stationen der tiefliegenden Linien abdecken werden.
- Das Zeichen ▶ in Bildunterschriften gibt das Fahrtzeil des abgebildeten Zuges an.
- Aus rechtlichen Gründen verwenden wir nicht die offizielle "Johnston"-Schrift, sondern den ähnlichen, frei verfügbaren Schrifttyp "Railway".

***Notes:***

- *Many station names have changed over the years. Current names are used in this book, with former names listed in the index on page 154.*
- *Some of the stations in this book serve tube lines as well as subsurface lines. The tube parts of these stations will be described in two future volumes covering all the stations of the 'tube' lines.*
- *In captions, the sign ▶ indicates the destination of the depicted train.*
- *For legal reasons, we have not used the official "Johnston" typeface but the similar and open-source "Railway" font.*

# LONDON UNDERGROUND

Tube vs. Subsurface @ Rayners Lane: Piccadilly Line (1973 stock) & Metropolitan Line (S8 stock)

## EINFÜHRUNG

Das Londoner U-Bahn-Netz umfasst elf Linien (405 km, 272 Bahnhöfe), die von *London Underground Ltd* (LUL), einer Tochtergesellschaft des städtischen Verkehrsbetriebs *Transport for London* (TfL), betrieben werden. Trotz seines Namens liegen rund 55 % des Netzes oberirdisch.

Obwohl das gesamte Netz der Londoner U-Bahn oft als „Tube" bezeichnet wird, selbst in der Eigenwerbung, gehören nur sieben Linien tatsächlich zu den tiefliegenden „Röhren"-Linien. Die anderen vier Linien, denen dieses Buch gewidmet ist, sind technisch eher „Unterpflaster"-Linien: die unterirdischen Abschnitte dieser „Subsurface"-Linien liegen in geringer Tiefe (ca. 5-10 m) und wurden in offener Bauweise errichtet (Cut-and-Cover), während die „Tube"-Linien im Schildvortrieb in größerer Tiefe (ca. 20-30 m) und mit kleinerem Profil aufgefahren wurden. Die „Subsurface"-Linien machen etwa 40 % des gesamten U-Bahn-Netzes aus.

Alle U-Bahn-Linien haben eine Normalspur von 1435 mm und verwenden zwei Stromschienen, die positive Schiene liegt außen und die negative zwischen den Fahrschienen. Die Spannung beträgt 630 V Gleichstrom („Tube"-Linien und gemischt betriebene Strecken) bzw. 750 V Gleichstrom („Subsurface"-Linien).

## *INTRODUCTION*

*London's Underground system comprises eleven lines (405 km, 272 stations) which are operated by London Underground Ltd (LUL), a subsidiary of Transport for London (TfL), the city's transport authority. Despite its name, around 55% of the network is above ground.*

*Although the whole London Underground network is often referred to as 'the Tube', even in London Underground publicity, only seven lines are actually deep level 'tube' lines. The remaining four lines, those covered in this book, are technically 'subsurface' rather than 'tube' lines, the difference being that the underground sections of the subsurface lines were built at shallow depth (about 5-10 m) to mainline profile by the cut-and-cover method whereas tube lines were built by tunnelling at a greater depth (about 20-30 m) to a smaller profile. The subsurface lines make up approximately 40% of the overall Underground network.*

*All Underground lines are 1435 mm standard gauge and use two power rails, the positive rail lying on the outside and the negative between the running rails. Traction voltage is either 630 V DC (tube lines and shared tube/subsurface lines) or 750 V DC (subsurface lines).*

**Abkürzungen** | ***Abbreviations***

BR – British Railways/British Rail
DR – District Railway
ELR – East London Railway
DLR – Docklands Light Railway
GCR – Great Central Railway
GNP&BR – Great Northern, Piccadilly & Brompton Railway
GWR – Great Western Railway
H&CR – Hammersmith & City Railway
LSWR – London & South Western Railway
LMS – London, Midland & Scottish Railway
LPTB – London Passenger Transport Board
LTSR – London, Tilbury & Southend Railway
M&SJWR – Metropolitan & St John's Wood Railway
MDR – Metropolitan District Railway
MR – Metropolitan Railway
SR – Southern Railway
SWR – South Western Railway
UERL – Underground Electric Railways of London
TfL – Transport for London
W&BR – Whitechapel & Bow Railway

West Brompton

Temple

**Legende | *Key to Symbols***

Eröffnungsdatum und ursprünglicher Betreiber
*Opening date and original company*

10-01-1863 – Metropolitan Railway

Übergang zu anderen Linien
*Interchange with other rail services*

Jubilee Line
DLR
National Rail

Haupteingangsgebäude (oberird. | unterird.)
*Main ticket hall (surface | below ground)*

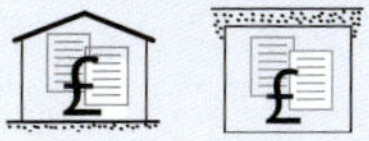

Zugang zu den Bahnsteigen
*Main access to platforms*

Bahnhofsgattung und Bahnsteiganordnung (Unterpflaster | Einschnitt | Einschnitt mit voller Überdachung | ebenerdig | in Hoch- bzw. Dammlage)
*Station type and platform layout (cut-and-cover | in cutting | in cutting with overall roof | surface | elevated or on embankment)*

Durchgangsgleis
*Through track*
Stumpfgleis
*Bay road*

Aufzug und barrierefrei zugänglich
*Lift and step-free access*

Tarifzone
*Travelcard zone*

Zone 1 Zone 2 .... Zone 9

Denkmalschutz (Einstufung I, II oder II*)
*Listed Building (Grade I, II or II*)*

St. James's Park

Uxbridge

**SUBSURFACE LINES**

Das „Subsurface"-Netz umfasst folgende Linien:

- Circle Line
- Hammersmith & City Line
- Metropolitan Line
- District Line

Die vier Linien sind ineinander verflochten und verkehren auf langen Abschnitten auf denselben Gleisen. Insbesondere die Circle und Hammersmith & City Line fahren fast ausschließlich gemischt mit der Metropolitan bzw. District Line. Auf manchen Abschnitten teilen sich „Subsurface"-Linien sogar die Gleise mit der echten „Tube", nämlich mit der Piccadilly Line (Acton Town – Ealing Common und Rayners Lane – Uxbridge), aber auch mit London Overground (Gunnersbury – Richmond) und Chiltern Railways (Harrow-on-the-Hill – Amersham).

Das „Subsurface"-Netz besteht aus einer 20,5 km langen Ringlinie um das Zentrum Londons, die ursprünglich als „Inner Circle" bezeichnet wurde und größtenteils in flachen Tunneln mit offenen Abschnitten verläuft, und einer Reihe von radialen Strecken, die in den „Inner Circle" münden. Diese Außenstrecken liegen größtenteils oberirdisch, ausgenommen die inneren Abschnitte der Metropolitan Line (Baker Street – Finchley Road) und der District/Hammersmith & City Line (Aldgate East – Bow Road).

Die Ringlinie verbindet die meisten Kopfbahnhöfe der Stadt und erschließt auch die City of London, das wichtigste Finanz- und Geschäftszentrum Großbritanniens, und Westminster, Sitz der britischen Regierung, sowie viele Touristenattraktionen, wie den Tower of London (Tower Hill), Houses of Parliament (Westminster), Madame Tussauds (Baker Street) und das Museumsviertel (South Kensington). Neben der Circle Line wird der Nordring von der Hammer-

***SUBSURFACE LINES***

*The subsurface network comprises the following lines:*

- *Circle Line*
- *Hammersmith & City Line*
- *Metropolitan Line*
- *District Line*

*The four lines are interlinked, with extensive sharing of tracks. In particular, the Circle and Hammersmith & City Lines operate almost entirely on tracks shared with each other and with the Metropolitan and District Lines. The subsurface lines also share some tracks with the Piccadilly tube line (Acton Town – Ealing Common and Rayners Lane – Uxbridge), London Overground (Gunnersbury – Richmond) and Chiltern Railways (Harrow-on-the-Hill – Amersham).*

*The subsurface network consists of a 20.5 km loop around central London, originally known as the 'Inner Circle', built mostly in cut-and-cover tunnels interspersed with sections of open cutting, and a series of radial lines which feed into the 'Inner Circle'. The radial lines are mostly above ground, the main exceptions being the inner sections of the Metropolitan Line (Baker Street – Finchley Road) and the District/Hammersmith & City Lines (Aldgate East – Bow Road).*

*The 'Inner Circle' loop links most of the city's mainline railway termini and serves the City of London, the UK's main financial and business centre, Westminster, home of the nation's government, and many popular tourist attractions including the Tower of London (Tower Hill), the Houses of Parliament (Westminster), Madame Tussaud's (Baker Street) and the museum district (South Kensington). In addition to Circle Line services, the northern side of the loop is served by the east-west*

Uxbridge (Metropolitan Line & Piccadilly Line)

smith & City Line und der Metropolitan Line befahren, wobei letztere über die Grenzen von Greater London hinaus nach Amersham und Chesham in Buckinghamshire führt (38 bzw. 41 km von Baker Street). Auf dem Süd- und Westring verkehrt die Circle Line gemeinsam mit der District Line, die im Westen mit mehreren Ästen Bezirkszentren wie Ealing, Richmond und Wimbledon bedient, während sie mit Upminster den östlichen Rand von Greater London erreicht. Die Außenstrecken erschließen hauptsächlich Wohngebiete, aber auch manche für Besucher interessante Ziele wie den Portobello Road Market (Ladbroke Grove), das Wembley-Stadion (Wembley Park) oder die Royal Botanical Gardens (Kew Gardens).

Das Netz ist größtenteils zweigleisig, ausgenommen Wembley Park – Watford South Junction (4-gleisig), Earl's Court – South Kensington/High Street Kensington (3- bzw. 4-gleisig), der Chesham-Ast (eingleisig) und der Olympia-Ast (teilweise eingleisig). Die „Subsurface"-Linien verlaufen je-

*Hammersmith & City Line and the Metropolitan Line, the latter extending beyond Greater London as far as the Buckinghamshire commuter towns of Amersham and Chesham (38/41 km from Baker Street). The southern and western sides of the loop are served by the Circle Line and by the District Line which has western branches serving the suburban town centres of Ealing, Richmond and Wimbledon and extends to Upminster on London's eastern fringe. The radial lines mainly serve suburban districts but places of more than local interest include Portobello Road Market (Ladbroke Grove), Wembley Stadium (Wembley Park) and the Royal Botanical Gardens (Kew Gardens).*

*The network is mostly double-track apart from from Wembley Park – Watford South Junction (4-track), Earl's Court – South Kensington/High Street Kensington (3/4-track), the Chesham branch (single-track) and the Olympia branch (partly single-track). The subsurface lines*

High Street Kensington

Hillingdon

Kew Gardens (District Line & London Overground)

Wembley Park (Jubilee Line & Metropolitan Line)

doch auf einigen Abschnitten parallel zu anderen Bahnstrecken, darunter Finchley Road – Harrow-on-the Hill (Jubilee Line bzw. Chiltern Railways), Barons Court – Acton Town (Piccadilly Line) und Bromley-by-Bow – Upminster (c2c).

Alle Züge der Circle, District und Hammersmith & City Line halten stets an allen Bahnhöfen, ebenso die meisten der Metropolitan Line, auf der es jedoch in den Hauptverkehrszeiten in Hauptlastrichtung einige Schnell- und Eilzüge gibt, die bestimmte Stationen ohne Halt durchfahren.

Auf den „Subsurface"-Linien sind 192 von Bombardier gebaute S-Züge im Einsatz, die zwischen 2009 und 2017 in Dienst gestellt wurden. Davon stehen zwei Versionen zur Verfügung – 134 Sieben-Wagen-Einheiten (S7) mit Längsbestuhlung für die Circle, Hammersmith & City und District Line sowie 58 Acht-Wagen-Einheiten (S8) mit einer Mischung aus Längs- und Querbestuhlung für die Metropolitan Line. Die S-Züge sind durchgehend begehbar und klimatisiert. Sie sind bereits für den zukünftigen automatischen Zugbetrieb ausgerüstet. Die Fahrzeuge werden im Betriebshof Neasden auf der Metropolitan Line und in den Betriebshöfen Ealing Common und Upminster auf der District Line gewartet. Zusätzliche Abstellanlagen findet man in Hammersmith und Lillie Bridge, einzelne Abstellgleise an verschiedenen Standorten, darunter Barking, Parsons Green, Rickmansworth und Uxbridge.

Im Jahr 2011 wurde Bombardier beauftragt, das „Subsurface"-Netz mit dem Cityflo 650 Moving Block-Signalsystem auszurüsten, doch aufgrund mangelnder Fortschritte wurde der Auftrag gekündigt und 2015 an Thales (SelTrac CBTC-System) vergeben. Die neue Signalisierung soll nun Mitte 2025 fertiggestellt sein, womit die Kapazität der vier Linien um 33 % gesteigert werden soll, d.h. im Zentrum von London sollen 32 Züge pro Stunde und auf dem Kernabschnitt der Metropolitan Line 28 Züge pro Stunde verkehren.

*do, however, run alongside other lines in a number of locations including Finchley Road – Harrow-on-the Hill (Jubilee Line and/or Chiltern Railways), Barons Court – Acton Town (Piccadilly Line) and Bromley-by-Bow – Upminster (c2c).*

*All Circle, District and Hammersmith & City Line trains serve all stations as do most Metropolitan Line trains. However, at peak times some Metropolitan Line semi-fast and fast trains skip certain stations but only in the direction of peak travel.*

*The subsurface fleet comprises 192 Bombardier-built S stock trains introduced between 2009 and 2017. These are in two versions – 134 seven-car sets (S7) with longitudinal seating for Circle, Hammersmith & City and District services and 58 eight-car sets (S8) with a mix of longitudinal and transverse seating for Metropolitan services. S stock is air-conditioned with walk-through cars and is equipped for future automatic train operation once the much-delayed subsurface re-signalling is fully operational. The fleet is maintained at Neasden depot on the Metropolitan Line and Ealing Common and Upminster depots on the District Line; additional stabling points include Hammersmith and Lillie Bridge depots and sidings at various locations including Barking, Parsons Green, Rickmansworth and Uxbridge.*

*In 2011 Bombardier was contracted to install its Cityflo 650 moving block signalling system on the subsurface network but due to lack of progress the contract was re-let to Thales (SelTrac CBTC system) in 2015. Now scheduled for completion in mid-2025, the new signalling is due to enable a 33% increase in capacity across all four lines allowing a peak service of 32tph in central London and 28tph on the trunk section of the Metropolitan Line.*

Stamford Brook (Piccadilly Line & District Line)

Barking (Hammersmith & City Line & London Overground)

**Entwicklung des Netzes**

Die „Subsurface"-Linien wurden hauptsächlich von zwei privaten Unternehmen errichtet, der *Metropolitan Railway* und der *Metropolitan District Railway* (allgemein bekannt als *District Railway*), lediglich einige Vorortabschnitte wurden von anderen Eisenbahngesellschaften gebaut.

Die *Metropolitan Railway* eröffnete 1863 die weltweit erste städtische Untergrundbahn zwischen dem Fernbahnhof Paddington im Westen und Farringdon in der City of London. Im selben Jahr empfahl ein parlamentarischer Sonderausschuss den Bau einer Ringlinie um das Zentrum Londons herum, welche die verschiedenen Kopfbahnhöfe miteinander verbinden sollte. Bis Ende des 19. Jahrhunderts konnten die *Metropolitan* und *District Railway* den „Inner Circle" zusammen mit einem kurzen östlichen Ast bis Whitechapel vollenden, außerdem gingen oberirdische Strecken durch aufstrebende Vororte und sogar ländliche Gebiete in Betrieb.

Die *Hammersmith & City Railway*, die gemeinsam von der *Great Western Railway* (GWR) und der *Metropolitan Railway* betrieben wurde, hatte bereits 1864 durchgehende Verbindungen von Hammersmith und Kensington (heute Olympia) über die *Metropolitan Railway* in die City of London aufgenommen. Die *Metropolitan Railway* stellte 1892 ihre Hauptstrecke Richtung Nordwesten von Baker Street bis nach Aylesbury (61 km) fertig und die *District Railway* erweiterte ihr Netz nach Westen in die Vorstädte Richmond (1877), Ealing (1879), Hounslow (1883) und Wimbledon (1889), größtenteils unter Nutzung der Gleise der *London & South Western Railway* (LSWR). Im Osten Londons fuhr die Hammersmith & City Line von 1884 bis 1906 auf den Gleisen der *East London Railway* (ELR) bis New Cross, und nach deren Elektrifizierung wieder von 1914 bis 1939.

Zu Beginn des 20. Jahrhunderts wurden die meisten dampfbetriebenen Züge im „Subsurface"-Netz durch elektrische Triebwagen ersetzt (1905/06), lediglich die Außen-

***History***

*The subsurface lines were mostly developed by two private companies, the Metropolitan Railway and the Metropolitan District Railway (commonly known as the District Railway), together with some suburban sections constructed by mainline railway companies.*

*The Metropolitan Railway opened the world's first urban underground railway between Paddington and Farringdon in the City of London in 1863 and in the same year a Parliamentary Select Committee recommended the construction of an 'Inner Circle' around central London linking the mainline termini. By the end of the 19th century, the Metropolitan and District companies had completed the 'Inner Circle', the loop section of today's Circle Line, together with a short eastern extension to Whitechapel and had also opened surface-level lines extending into London's nascent suburbs and surrounding countryside.*

*The Hammersmith & City Railway, jointly operated by the Great Western Railway (GWR) and Metropolitan Railway, opened as early as 1864 with through services from Hammersmith and Kensington (now Olympia) to the City of London via the Metropolitan Railway. The Metropolitan Railway completed its main line northwest from Baker Street to Aylesbury (61 km) by 1892 and the District Railway expanded westwards to the suburban towns of Richmond (1877), Ealing (1879), Hounslow (1883) and Wimbledon (1889), in large part by extending its services over lines built by the London & South Western Railway (LSWR). In East London, through running services from the Hammersmith & City were extended to New Cross over the East London Railway (ELR) between 1884 and 1906 and again from 1914-1939 after electrification of the ELR.*

*The early 20th century saw steam-hauled trains replaced across most of the subsurface network by electric traction (1905/06), though it was not until 1960*

Plaistow

East Ham

strecken der Metropolitan Line von Rickmansworth bis Amersham bzw. Chesham wurden erst 1960 elektrifiziert. Die *District Railway* eröffnete 1903 einen weiteren Ast nach South Harrow und die *Metropolitan Railway* 1904 einen nach Uxbridge; 1910 wurde die District Line von South Harrow weiter nach Uxbridge auf den Gleisen der *Metropolitan Railway* verlängert.

1902 wurde eine 3 km lange unterirdische Verbindung zwischen Whitechapel und der *London, Tilbury & Southend Railway* (LTSR) eröffnet, so dass die District Line auf den oberirdischen Gleisen der LTSR bis Upminster durchgebunden werden konnte. Nach Elektrifizierung der *District Railway* baute die LTSR ihre Strecke von Bromley-by-Bow bis East Ham (1905) bzw. Barking (1908) viergleisig aus, wobei ein Gleispaar für die District Line elektrifiziert wurde, die gleichzeitig von Upminster zurückgenommen wurde.

Der Prozess zur Schaffung eines einheitlichen U-Bahn-Netzes wurde vom amerikanischen Finanzier Charles Tyson Yerkes initiiert, der zwischen 1900 und 1902 die *District Railway* sowie vier „Tube"-Unternehmen erwarb. Er gründete die *Underground Electric Railways of London* (UERL) als Holdinggesellschaft und führte 1908 die Marke „UndergrounD" ein: mit Netzplänen und koordinierten Tarifen für alle Londoner U-Bahn-Linien, einschließlich der *Metropolitan Railway* und der nicht zu UERL gehörenden „Tube"-Linien.

In den 1920er und 30er Jahren dehnte sich die Fläche Londons rasant aus, es entstanden große Wohnsiedlungen, deren Bewohner mit der Bahn ins Zentrum von London pendelten. Insbesondere die *Metropolitan Railway* war entlang ihrer Strecken selbst aktiv und vermarktete diese Gebiete ab 1915 als „Metro-Land", später eröffnete sie auch

Watford

*that the Metropolitan Line was electrified between Rickmansworth and Amersham/Chesham. Additional suburban branches were opened by the District Railway to South Harrow (1903) and the Metropolitan Railway to Uxbridge (1904) with District trains extended from South Harrow to Uxbridge over Metropolitan tracks in 1910.*

*In 1902, a 3 km underground connection was opened between Whitechapel and the London, Tilbury & Southend Railway (LTSR), enabling the extension of District trains over the LTSR's surface tracks to Upminster. Upon electrification of the District Railway, the LTSR quadrupled its line from Bromley-by-Bow to East Ham (1905) and Barking (1908) with one pair of tracks electrified for the use of District services which were cut back from Upminster.*

*The process of creating today's unified Underground network was initiated by American financier Charles Tyson Yerkes who, between 1900 and 1902, acquired the District Railway and four deep-level tube companies. He established Underground Electric Railways of London (UERL) as a holding company for his acquisitions and to attract more traffic launched the 'UndergrounD' brand in 1908 with network maps and coordinated fares covering all of London's underground railways including the Metropolitan Railway and the tube lines not controlled by UERL.*

*The 1920s and 30s were a period of phenomenal growth of London's built-up area as large swathes of open land were developed for suburban housing with many residents commuting to central London by rail. The Metropolitan Railway, in particular, built and promoted new housing estates in its territory which it marketed as 'Metro-Land' from 1915, also opening new branches to Watford (1925) and Stanmore (1932).*

*In the east there was also extensive suburban expansion but with a greater emphasis on social housing. District services to Upminster had ceased in 1905 but were reinstated in 1932 when the London, Midland & Scottish Railway, the LTSR's successor, opened an additional pair of electrified tracks from Barking to Upminster primarily to serve the London County Council's large Becontree housing estate.*

*In 1933, the 'Underground Group' (UERL), the Metropolitan Railway and numerous bus and tram companies were taken over by the London Passenger Transport Board (LPTB), a public corporation commonly known as 'London Transport'. The first Chairman and Vice-Chairman of the LPTB were Lord Ashfield and Frank Pick who had held similar positions at UERL and who continued to use and develop the corporate identity of the 'Underground*

Uxbridge

neue Äste zu deren Erschließung, nämlich nach Watford (1925) und Stanmore (1932).

Auch im Osten wuchs die Stadt erheblich, allerdings mit stärkerer Betonung auf sozialen Wohnungsbau. Die District Line, die 1905 von Upminster zurückgenommen worden war, kehrte 1932 wieder zurück, nachdem die *London, Midland & Scottish Railway* als Nachfolger der LTSR ein zusätzliches, elektrifiziertes Gleispaar von Barking nach Upminster verlegt hatte, hauptsächlich um die große Wohnsiedlung Becontree des London County Council zu erschließen.

1933 wurden die *Underground Group* (UERL), die *Metropolitan Railway* und zahlreiche Bus- und Straßenbahnunternehmen vom *London Passenger Transport Board* (LPTB), einer öffentlich-rechtlichen Körperschaft, allgemein bekannt als „London Transport", übernommen. Der erste Vorsitzende und stellvertretende Vorsitzende der LPTB waren Lord Ashfield und Frank Pick, die bereits ähnliche Positionen bei UERL innegehabt hatten und nun die erfolgreiche, unverwechselbare Corporate Identity der *Underground Group* weiterentwickeln wollten, was alle Aspekte der Werbung, Beschilderung und Stationsgestaltung betraf.

Das „Subsurface"-Netz wurde seit Verlängerung der District Line nach Upminster im Jahr 1932 (abgesehen von der Pendellinie nach Olympia 1946) nicht mehr erweitert, es schrumpfte sogar. 1932/33 übernahm die Piccadilly Line alle Fahrten der District Line nach Uxbridge sowie die meisten nach Hounslow West (die District Line fuhr noch bis 1964 nach Hounslow) und 1939 wurde der Stanmore-Ast von der Metropolitan Line an die Bakerloo Line abgegeben (heute Jubilee Line). Die Verbindungen der Hammersmith & City Line nach Kensington (Olympia) wurden 1940 gänzlich eingestellt, bereits 1939 auch nach New Cross bzw. New Cross Gate, auch wenn die East London Line weiterhin als eigenständiger Teil des „Subsurface"-Netzes betrieben wurde, bis sie 2007 zwecks Eingliederung in das London Overground-Netz geschlossen wurde. Die kurze Pendellinie zwischen Acton Town und South Acton wurde 1959 stillgelegt und die Durchbindung der Metropolitan Line von Amersham nach Aylesbury 1961 eingestellt.

Nach Verstaatlichung des britischen Eisenbahnnetzes im Jahr 1948 gingen die meisten der von der U-Bahn genutzten Gleise ehemaliger Eisenbahngesellschaften in das Eigentum der *London Underground* über: der GWR-Anteil an der *Hammersmith & City Railway* im Jahr 1948, der östliche Abschnitt der District Line (Whitechapel – Upminster) im Jahr 1969 und der Wimbledon-Ast der District Line (Putney Bridge – Wimbledon) im Jahr 1994. Nur der Abschnitt Gunnersbury – Richmond der District Line ist weiterhin im Besitz von Network Rail.

Upminster

*Group', championing good design and promoting a distinctive Underground image covering all aspects of publicity, signage and station design.*

*Extension of the District Line to Upminster in 1932 was the last major expansion of the subsurface route network (apart from the commencement of the Olympia service in 1946) but some other parts of the network have been cut back. In 1932/33 all District Line services to Uxbridge and most to Hounslow West were transferred to the Piccadilly Line (District services to Hounslow ceased in 1964) and the Stanmore branch of the Metropolitan Line was transferred to the Bakerloo Line in 1939 (now Jubilee Line). Hammersmith & City services to Kensington (Olympia) ceased in 1940 and to New Cross/New Cross Gate in 1939 though the East London Line continued to be operated as a discrete part of the subsurface network until closed in 2007 for incorporation into the London Overground network. A short shuttle service between Acton Town and South Acton closed in 1959 and Metropolitan Line services were cut back from Aylesbury to Amersham in 1961.*

*Since the nationalisation of the mainline network in 1948, most former mainline tracks used by the subsurface Underground lines have been transferred into London Underground ownership: the GWR share of the Hammersmith & City Railway in 1948, the eastern leg of the District Line (Whitechapel – Upminster) in 1969 and the Wimbledon branch of the District Line (Putney Bridge – Wimbledon) in 1994. Only the Gunnersbury – Richmond section of the District Line remains in Network Rail ownership.*

Wimbledon Park

**Bahnhöfe**

Die frühe Gestaltung der Bahnhöfe orientierte sich an den Stationen, die von anderen Eisenbahnunternehmen errichtet worden waren, typischerweise mit gemauerten Eingangsgebäuden und vollständigem Glasdach im Zentrum von London und offenen Bahnsteigen mit einfachen Überdachungen in den Außenbereichen. Während einige originale viktorianische Stationen relativ unverändert erhalten geblieben sind, wurden viele Bahnhöfe im Laufe der Zeit erheblich umgestaltet oder komplett umgebaut, was zur heutigen Mischung von Architekturstilen führte. Dennoch sorgt die unverwechselbare Beschilderung der London Underground dafür, dass die Stationen leicht als Teil eines integrierten Netzes erkennbar sind.

Einige der bedeutendsten Ingenieure und Architekten der damaligen Zeit waren an der Gestaltung der „Subsurface"-Linien und ihrer Stationen beteiligt. Besonders hervorzuheben sind der Chefingenieur der *Metropolitan Railway*, Sir John Fowler, der für das Design der ursprünglichen „Inner Circle"-Bahnhöfe verantwortlich war, und Sir John Wolfe Barry, berühmt für die Tower Bridge, der an den frühen Stationen der *District Railway* mitarbeitete. Andere bemerkenswerte Architekten waren am späteren Umbau vieler Stationen beteiligt, darunter George und Frank Sherrin, Harry W. Ford, Charles W. Clark oder Charles Holden.

Fowlers drei unterirdische Stationen auf dem ersten Abschnitt der Metropolitan Line von 1863 (Baker Street, Great Portland Street und Euston Square) erhielten über den Bahnsteigen ein gemauertes Gewölbe, was sich aber aufgrund der Abgase der Lokomotiven nicht bewährte. Die meisten anderen Bahnhöfe des „Inner Circle" wurden deshalb im offenen Einschnitt zwischen gemauerten Stützmauern errichtet und mit einem Eisen-Glas-Dach geschützt (in der Regel mit offenen Enden, um Rauch und Dampf entweichen zu lassen). Bei späteren Umbauten wurden die meisten dieser Gesamtdächer entfernt und durch Bahnsteigüberdachungen ersetzt oder der Einschnitt wurde überbaut. In den Stationen Aldgate, Farringdon, Paddington, Bayswater und Notting Hill Gate sind noch Teile der ursprünglichen Gesamtdächer erhalten. Die einzigen Eingangsgebäude, die weitgehend im Ursprungszustand überlebt haben, sind Bayswater und Gloucester Road.

Einige der ursprünglichen viktorianischen Bahnhöfe, die in den wachsenden Vororten Londons und in der Umgebung gebaut wurden, hatten auch eine vollständige

***Stations***

*Early station design generally followed the practices and standards already established by the existing mainline railway companies, typically with brick-built surface buildings and overall glazed platform roofs in central London and open platforms with canopies in outer areas. Whilst some original Victorian stations have survived relatively unaltered, many stations have been heavily modified or completely rebuilt in later periods resulting in today's eclectic mix of architectural styles. Nevertheless, Underground branding with its distinctive signage means that stations are easily recognisable as part of an integrated network.*

*Some of the most eminent engineers and architects of the time were involved in the design of the subsurface lines and their stations. Of particular note are the Metropolitan Railway's chief engineer, Sir John Fowler who was responsible for the design of the original 'Inner Circle' stations and Sir John Wolfe Barry, famous for Tower Bridge, who worked on the early stations of the District Railway. Other noteworthy architects involved in the subsequent rebuilding of stations included George and Frank Sherrin, Harry W. Ford, Charles W. Clark and Charles Holden.*

*Fowler's three cut-and-cover stations on the initial 1863 section of the Metropolitan Line (Baker Street, Great Portland Street and Euston Square) were built with platforms beneath brick arch vaults but this design was not perpetuated due to the problem of dispersing emissions from the locomotives. Most of the other 'Inner Circle' stations were built with platforms in open cutting between brick retaining walls enclosed by overall glazed wrought iron roofs (generally open ended to allow smoke and steam to escape). Subsequent alterations have seen most overall roofs removed and replaced by platform canopies or with the cuttings built over. However, Aldgate, Farringdon, Paddington, Bayswater and Notting Hill Gate still retain partial overall roofs. The only original surface buildings that remain largely as-built are at Bayswater and Gloucester Road.*

*Some of the original Victorian stations built to serve London's developing suburbs and surrounding countryside also had overall trainshed roofs such as the District Railway stations at Fulham Broadway and Ealing Broadway but many were simple country stations, typically with single-storey brick buildings and platforms with canopies,*

Überdachung, z.B. Fulham Broadway und Ealing Broadway der District Railway, aber viele waren einfache ländliche Haltestellen, typischerweise mit einstöckigen Backsteingebäuden und mit Überdachungen auf den Bahnsteigen, von denen einige weitgehend unverändert blieben, wie Chesham und Chorleywood auf der Metropolitan Line.

Die Elektrifizierung der „Subsurface"-Linien 1905/06 und die steigende Nachfrage aufgrund des raschen Wachstums der Vororte veranlasste die *Metropolitan* und *District Railway*, viele ihrer zentralen Londoner Bahnhöfe zu modernisieren. Das Ende des Dampflokbetriebs und die Einführung von Stahlrahmenkonstruktionen erlaubten nun die Überbauung der offenen Streckenabschnitte, um sie für lukrative Büro- und Gewerbeprojekte zu nutzen – frühe Beispiele sind Bürogebäude über den Bahnhöfen Monument und Victoria. Einige Schalterhallen wurden im Zusammenhang mit dem Bau von Fußgängerunterführungen unter Hauptstraßen in den Untergrund verlegt, wodurch Flächen für andere Zwecke frei wurden, z.B. Mansion House (1912). Veränderungen waren auch erforderlich, um Gleise neu anzuordnen, Bahnsteige für längere Züge zu erweitern oder gemeinsame Schalterhallen und Übergänge zu den tiefliegenden U-Bahn-Linien zu schaffen.

Zu den bemerkenswerten Umbaumaßnahmen in der Zeit bis zum 1. Weltkrieg gehörten die Errichtung von Einkaufspassagen nach Plänen von George und Frank Sherrin über den Stationen South Kensington (1906/07), High Street Kensington (1907), Liverpool Street (1911/12) und Victoria (1910/11). Der Architekt der *District Railway*, Harry W. Ford, entwarf neue Eingangsgebäude für die Stationen Temple (1911) und Embankment (1914), wobei letztere einen Rolltreppenzugang zu den tiefen U-Bahn-Linien erhielt, während der Architekt der *Metropolitan Railway*, Charles W. Clark, verantwortlich war für den umfassenden Umbau des Bahnhofs Baker Street (1911/13) sowie ein neues Eingangsgebäude in Paddington (Praed Street, 1914/15) mit seiner markanten cremefarbenen Terrakottafassade – diesen Stil wandte er nach dem Krieg auch bei ähnlichen neuen Gebäuden in Farringdon (1923), Aldgate (1926), Edgware Road (1926/27) und Great Portland Street (1930) an. In den späten 1920er Jahren entstand auch das von Charles Holden entworfene neue UERL-Hauptquartier „55 Broadway" über dem Bahnhof St. James's Park.

In den 1920er und 30er Jahren wurden neue Bahnhöfe errichtet und andere umgebaut, um den zunehmenden Pendlerverkehr aus den schnell wachsenden Vororten Londons zu bewältigen. Von besonderem architektoni-

*some of which remain largely unaltered such as Chesham and Chorleywood on the Metropolitan Line.*

*The electrification of the subsurface lines in 1905/06 and the growth in traffic due to rapid expansion of the suburbs encouraged the Metropolitan and District companies to embark on the modernisation of many of their central London stations. The abandonment of steam traction meant that open sections of track could now be built over and the introduction of steel framing meant stations could be constructed with provision for lucrative oversite office and retail development – early examples include office blocks above Monument and Victoria stations. Some ticket halls were relocated to subsurface level in connection with the construction of pedestrian subways beneath main roads thus freeing up land for other uses e.g., Mansion House (1912). Alterations were also required to allow for track layout changes, platform lengthening for longer trains, and to provide combined ticket halls and interchange connections with deep-level tube lines.*

*In the period up to WW1, notable reconstruction schemes included the erection of shopping arcades designed by George and Frank Sherrin above South Kensington (1906/07), High Street Kensington (1907), Liverpool Street (1911/12) and Victoria (1910/11) stations. The District Railway's architect, Harry W. Ford, designed new surface buildings for Temple (1911) and Embankment (1914), the latter incorporating escalator access to deep tube lines. The Metropolitan Railway's architect Charles W. Clark was responsible for major remodelling at Baker Street (1911/13) and a new surface building at Paddington (Praed Street, 1914/15) with a distinctive cream terracotta façade – a style that he continued to employ after the war with similar new buildings at Farringdon (1923), Aldgate (1926), Edgware Road (1926/27) and Great Portland Street (1930). Another important reconstruction project of the late 1920s involved the erection of a new UERL headquarters building, 55 Broadway, designed by Charles Holden, above St James's Park station.*

*During the 1920s and 30s new stations were built, and others were rebuilt, to cater for increased commuting from London's rapidly expanding suburbs. Of particular architectural interest are the domestic-style stations designed by Charles W. Clark for the Metropolitan Railway's new Watford branch and Charles Holden's impressive Scandinavian-inspired modernist brick and*

South Kensington

Farringdon

Eastcote

Wimbledon

schem Interesse sind die Bahnhöfe im „Domestic Style“, die von Charles W. Clark für die Stationen entlang des Astes nach Watford der Metropolitan Railway entworfen wurden, sowie Charles Holdens beeindruckende, skandinavisch inspirierte Bauten aus Backstein und Beton, die eine Reihe älterer Stationen der District und Metropolitan Line in Verbindung mit der Verlängerung der Piccadilly Line 1932/33 ersetzten. Die *Southern Railway* verwandelte ihre Bahnhöfe in Richmond und Wimbledon in interessante zeitgenössische Bauwerke und auch die LMS baute alle Stationen von Upney bis Upminster für die Erweiterung der District Line im Jahr 1932 neu bzw. um, auch wenn diese eine einfachere Standardgestaltung erhielten.

Einige Stationen der „Subsurface“-Linien wurden im Rahmen des „New Works Programme“ von *London Transport* zwischen 1935 und 1940 umgebaut, darunter Aldgate East (150 m nach Osten verschoben), Mile End (im Zusammenhang mit der Ostverlängerung der Central Line) und Finchley Road (im Zusammenhang mit der Verlängerung der Bakerloo Line nach Stanmore).

Mehrere „Subsurface“-Bahnhöfe im Zentrum Londons, insbesondere Barbican, Blackfriars, Moorgate und Sloane Square, erlitten während des Zweiten Weltkriegs schwere Bombenschäden und wurden in den 1950er und 60er Jahren wieder aufgebaut, meist mit neuen Schalterhallen im Erdgeschoss oder Untergeschoss eines unscheinbaren Bürogebäudes. Tower Hill und Cannon Street wurden ebenfalls in den 1960er Jahren unter Bürogebäuden umgebaut. In den meisten Fällen sind die ursprünglichen Bürogebäude mittlerweile durch neuere Bürokomplexe ersetzt worden.

*concrete stations which replaced a number of earlier stations on the District and Metropolitan Lines in connection with the extension of Piccadilly Line services in 1932/33. The Southern Railway also replaced its stations at Richmond and Wimbledon with interesting modernist designs and the LMS built/rebuilt all stations from Upney to Upminster for the extension of District Railway services to Upminster in 1932, albeit to a basic standardised design.*

*A few stations on the subsurface lines were rebuilt as part of London Transport's 1935-40 'New Works Programme' including Aldgate East (relocated 150 m east), Mile End (in connection with the eastern extension of the Central Line) and Finchley Road (in connection with the extension of the Bakerloo Line to Stanmore).*

*Several subsurface stations in central London, notably Barbican, Blackfriars, Moorgate and Sloane Square, suffered severe bomb damage during WW2 and were subsequently rebuilt in the 1950s and 60s, mostly with new ticket halls at ground or subsurface level beneath nondescript office blocks. Tower Hill and Cannon Street were also rebuilt beneath office blocks in the 1960s. Most of the original office blocks have been replaced since by newer office developments.*

*More recently some subsurface stations have been rebuilt in modern styles in connection with the construction of the Jubilee Line Extension (Westminster, West Ham), the Thameslink Programme (Blackfriars) and the Elizabeth Line (Moorgate, Whitechapel). Other modern designs include Paddington (H&C), Wembley Park (rebuilt in connection with the construction of the new Wembley*

Wembley Park

Cannon Street

In jüngerer Vergangenheit wurden einige „Subsurface“-Stationen im Zusammenhang mit dem Bau der Jubilee Line Extension (Westminster, West Ham), des Thameslink-Ausbauprogramms (Blackfriars) und der Elizabeth Line (Moorgate, Whitechapel) in modernem Stil neugestaltet. Ähnliches gilt für Paddington (H&C), Wembley Park (im Zusammenhang mit dem Bau des neuen Wembley-Stadions umgebaut), Hillingdon (aufgrund eines Straßenbauprojekts verlegt) und Wood Lane (zur Erschließung eines neuen Einkaufszentrum neu errichtet).

Von den 103 Bahnhöfen des „Subsurface“-Netzes sind 30 denkmalgeschützt als „Gebäude von besonderem architektonischen oder historischem Interesse“, aber auch viele andere weisen bemerkenswerte Elemente auf. Während in der Vergangenheit einige Bahnhöfe Opfer unsensibler Veränderungen wurden, setzt die Londoner U-Bahn seit den 1980er Jahren bei Bahnhofsrenovierungen auf Erhalt bzw. Wiederherstellung wichtiger historischer Merkmale wie Fliesen, Beleuchtungskörper und Beschilderung, und dies ist in vielen Stationen erfolgreich geschehen. Im Jahr 2015 beschloss das Unternehmen ein „Station Design Idiom“, das spezifische Farben, Materialien und Merkmale festlegt, die bei Modernisierungs- und Umbauarbeiten in Übereinstimmung mit der Geschichte der jeweiligen Station verwendet werden sollen. So sieht man beispielsweise in renovierten Bahnhöfen der ehemaligen *Metropolitan Railway* Kastanienbraun als Farbe dieses Unternehmens, in Stationen der *District Railway* und LSWR Grün und auf der ehemaligen GWR-Strecke Braun. Zu den historischen Merkmalen, auf die man achten sollte, gehören Wandfliesen, Wegweiser, Rundschilder, kunstvolle Metallarbeiten, Sitzbänke, Bahnsteigüberdachungen mit verspielten Stützen und Schürzen sowie Uhren und Beleuchtungskörper.

Das „Idiom“ legt fest, dass an Bahnhöfen, die keine bedeutenden historischen Elemente aufweisen, bei Renovierungen der aktuelle Unternehmensstil von *London Underground* anzuwenden ist, dazu gehören moderne Materialien in neutralen Tönen mit Blau als Kontrastfarbe. Einige Bahnhöfe im Eigentum von Network Rail werden von anderen Eisenbahnunternehmen betrieben und weisen deshalb deren Unternehmensfarben auf, z.B. Barking und Upminster (c2c) sowie Richmond und Wimbledon (*South Western Railway*).

Die meisten Schalterhallen wurden Mitte der 1980er Jahre neugestaltet, als bei der U-Bahn ein neues Ticket-System eingeführt wurde, wozu teils erhebliche Umbauten erforderlich waren, um Zugangssperren und Fahrscheinautomaten, die von innerhalb der Fahrkartenschalter gewartet werden, unterzubringen. Da die meisten Fahrgäste heute die Oyster-Card oder andere kontaktlose Zahlungsmethoden nutzen, wurden 2015-16 alle Fahrkartenschalter geschlossen, so dass Fahrkarten nur noch an Fahrscheinautomaten erhältlich sind.

In den letzten Jahren wurde eine Reihe von Bahnhöfen mit Aufzügen ausgestattet, um einen barrierefreien Zugang zu den Bahnsteigen zu ermöglichen, so dass heute 39 der 103 Bahnhöfe des „Subsurface“-Netzes stufenlos zugänglich sind.

*Stadium), Hillingdon (relocated due to a road scheme) and Wood Lane (built to serve a new shopping centre).*

*Of the 103 stations on the subsurface network, 30 are on the statutory List of Buildings of Special Architectural or Historic Interest and many others have noteworthy features. Whilst some stations have suffered from insensitive alterations in the past, since the 1980s London Underground has adopted a policy of preserving or replicating important heritage features such as tiling, lighting fixtures and signage when stations are refurbished, and this has been achieved to good effect at many stations. In 2015 the company adopted a 'Station Design Idiom' which sets out specific colours, materials and features to be used in modernisation and rebuilding works in accordance with each station's ancestry. Thus, for example, as 'heritage' stations are redecorated, former Metropolitan Railway stations are appearing in that company's maroon colour, former District Railway and LSWR stations in green and former GWR stations in brown. Heritage features to look out for include wall tiles, direction signs, roundel signs, ornamental metalwork, platform shelters, platform seating, platform canopies with decorative support brackets and valances, clocks, and lighting fixtures.*

*At stations that no longer retain any significant heritage features, the 'Idiom' specifies that refurbishments should follow London Underground's current corporate style with modern materials in predominantly neutral tones with contrasting features in blue. A few Network Rail-owned stations are managed by other train operating companies and decorated in their corporate colours e.g. Barking and Upminster (c2c), Richmond and Wimbledon (South Western Railway).*

*The current layout of most station ticket halls dates from the introduction of the Underground Ticketing System from the mid-1980s which resulted in some significant remodelling to accommodate automatic ticket gates and multi-fare ticket machines serviced from within the ticket offices. More recently, due to most passengers now using Oyster and other contactless payment methods, all ticket offices were closed in 2015-16 with most ticket office windows boarded up and tickets now only sold from self-service machines.*

*In recent years a number of stations have been equipped with lifts to provide step-free access to platforms meaning that 39 out of 103 stations on the subsurface network are now fully accessible.*

Westbourne Park

# Circle Line

Die Circle Line [Ringlinie] als solche erschien erst 1949 auf dem Londoner U-Bahn-Netzplan, auch wenn es bereits seit 1884 einen echten Ringbetrieb auf der Strecke gegeben hatte. Die Zuverlässigkeit der Linie war jedoch häufig unzureichend, da es an den sechs niveaugleichen Kreuzungen zu Konflikten mit anderen Linien kam und keine Endstelle vorhanden war, um Verspätungen auszugleichen. Deshalb wurde 2009 der traditionelle Ringbetrieb zugunsten einer Linienführung Edgware Road – Hammersmith über Victoria, Liverpool Street und Paddington (mit erneutem Halt am Bahnhof Edgware Road) aufgegeben.

1863 eröffnete die *Metropolitan Railway* ihre erste Strecke zwischen Paddington (Bishop's Road) und Farringdon, aus der nach und nach ein „Inner Circle" werden sollte: von Farringdon bis Moorgate (1865), Liverpool Street (1875) und Aldgate (1876) sowie von der Praed Street Junction (zwischen Paddington und Edgware Road) bis South Kensington (1868).

Eine zweite Gesellschaft, die *Metropolitan District Railway*, wurde 1864 gegründet, um den südlichen Teil des Rings zu errichten. Dieser wurde 1868 von South Kensington bis Westminster eröffnet und erreichte 1871 Mansion House, womit der unvollständige „Inner Circle"-Betrieb zwischen Moorgate und Mansion House beginnen konnte. Der fehlende Abschnitt Mansion House – Aldgate wurde schließlich 1884 von der *District* und *Metropolitan* gemeinsam fertiggestellt.

Anfangs betrieb die *Metropolitan* den unvollständigen Ring allein, bis die *District* ab 1871 auch ihre eigenen Züge einsetzte. Danach wurde der „Inner Circle" von beiden

*The Circle Line as such only appeared on the Underground map in 1949 although a circular service had been in operation over the route since 1884. However, reliability was often poor due to conflicting movements with other services at six flat junctions and the lack of a terminus for recovery time. Thus in 2009, the traditional circular service was replaced by an out-and-back service between Edgware Road and Hammersmith via Victoria, Liverpool Street and Paddington (passing through Edgware Road en route).*

*The Metropolitan Railway opened between Paddington (Bishop's Road) and Farringdon in 1863 and, following the decision to construct an 'Inner Circle', it extended its line from Farringdon to Moorgate (1865), to Liverpool Street (1875) and to Aldgate (1876), and from Praed Street Junction (between Paddington and Edgware Road) to South Kensington (1868).*

*A separate company, the Metropolitan District Railway, was formed in 1864 to construct the southern section of the circle. It opened between South Kensington and Westminster in 1868 and reached Mansion House in 1871, at which point incomplete 'Inner Circle' services commenced between Moorgate and Mansion House. The remaining Mansion House – Aldgate section of the circle was eventually completed, jointly by the District and Metropolitan companies, in 1884.*

*The Metropolitan operated all services on the incomplete circle until the District started running its own trains in 1871. Thereafter, the operation of 'Inner Circle' services was shared between the two companies*

Tower Hill

gemeinsam betrieben, bis diese 1933 in *London Transport* aufgingen. Auf dem Ring wurden die Dampfloks im Jahr 1905 von Elektrotriebwagen abgelöst.

Der Ring ist größtenteils unterirdisch, lediglich kurze Abschnitte südlich von High Street Kensington und im Bereich Farringdon liegen im Freien. Mehrere Stationen befinden sich teilweise im offenen Einschnitt. Entlang der Strecke gibt es zahlreiche Öffnungen, die zunächst notwendig waren, um den Dampf der Lokomotiven entweichen zu lassen. Der nördliche Teil des Rings verläuft unter Hauptstraßen, der südöstliche unter dem Damm entlang der Themse (Embankment).

Auf dem Nordring zwischen Paddington (Bishop's Road) und Moorgate lagen ursprünglich Normal- und Breitspurgleise, letztere wurden jedoch 1869 abgebaut, nachdem die Strecken der durchgebundenen *Great Western Railway* umgespurt worden waren. Die Circle Line ist durchgehend zweigleisig, doch einige Stationen sind drei- bzw. viergleisig, etwa Edgware Road, Moorgate, Aldgate, Tower Hill sowie High Street Kensington, und dienen fahrplanmäßig oder bei Störungen als Endpunkte der Circle, H&C, Metropolitan oder District Line.

Die Circle Line verkehrt ganztags alle 10 Minuten. Durch Überlappung mit der Hammersmith & City Line gibt es zwischen Hammersmith und Baker Street einen 5-Minuten-Takt, ebenfalls zwischen Edgware Road und High Street Kensington, wo auch die District Line verkehrt. Auf den übrigen Abschnitten ist der Takt wesentlich dichter. Auf der Circle Line werden 16 Züge benötigt, die ihren Dienst meist in den Aufstellanlagen Hammersmith oder Barking starten bzw. beenden.

*until they were merged into London Transport in 1933. 'Inner Circle' services were converted from steam to electric operation in 1905.*

*The loop section of the Circle Line is mostly underground, except for short stretches south of High Street Kensington station and in the Farringdon area. Several stations lie partly in open cutting and there are numerous openings along the route, these initially being necessary to allow the steam produced by the locomotives to escape. The northern part of the loop runs beneath major roads and the southeastern part beneath the Embankment alongside the River Thames.*

*The northern part of the Circle Line between Paddington (Bishop's Road) and Moorgate was originally laid with standard- and broad-gauge tracks but the latter were removed in 1869 after the conversion of through-running Great Western Railway services to standard gauge. The Circle Line is mostly double-track but there are additional turnback tracks for scheduled and/or curtailed Circle, H&C, Metropolitan and District Line services at Edgware Road, Moorgate, Aldgate, Tower Hill and High Street Kensington.*

*Circle Line trains run every 10 minutes all day, every day. Timetables are coordinated to provide a 5-minute frequency between Baker Street and Hammersmith, jointly with the H&C Line, and between Edgware Road and High Street Kensington, jointly with the District Line. On other sections shared with District/ Metropolitan/H&C services overall intervals are much shorter. The Circle Line needs 16 trains for service, most of which start/ finish duty at Hammersmith or Barking sidings.*

# BAKER STREET

Circle Line | Hammersmith & City Line

Chiltern Court (über dem Bahnhof | *above station*)

Das Bahnsteiggewölbe des von Sir John Fowler entworfenen Bahnhofs Baker Street unter der Marylebone Road ist das besterhaltene Beispiel der drei in offener Bauweise errichteten Bahnhöfe aus dem Jahr 1863, Teil der ersten Untergrundbahn der Welt. Das Backsteingewölbe sowie die Seitenwände mit ihren Nischen und Lichtschächten, durch die einst Tageslicht auf die Bahnsteige fiel, wurden in den 1980er Jahren restauriert, wodurch eine Atmosphäre wie zu den Anfängen der U-Bahn geschaffen wurde, auch wenn damals die Züge von Dampflokomotiven gezogen wurden. Die ursprünglichen Eingangspavillons an der Oberfläche, einer für jeden Bahnsteig, existieren jedoch nicht mehr, da sie im Rahmen des Bahnhofsumbaus von C.W. Clark in den Jahren 1911-13 durch die heutige unterirdische

*Baker Street's subsurface platform vault below Marylebone Road is the best-preserved example of the three cut-and-cover stations designed by Sir John Fowler for the opening of the world's first underground railway in 1863. The original brick arch ceiling and recessed retaining walls with deep shafts (lunettes – which originally allowed daylight down to the platforms) were restored in the 1980s, successfully evoking the atmosphere of the early days of the Underground when trains were hauled by steam locomotives. However, the original surface entrance pavilions, one for each platform, no longer exist, having been replaced by the current subsurface ticket hall as part of C.W. Clark's remodelling in 1911-13 (see page 72-73). The arcaded*

10-01-1863 – Metropolitan Railway | Metropolitan Line | Bakerloo Line | Jubilee Line | Zone 1 | Grade II*

Kriegerdenkmal | *WW1 memorial*

Schalterhalle ersetzt wurden (siehe Seite 72-73). Aus dieser Zeit stammen auch der Arkadeneingang zum Bahnsteig in Richtung Osten sowie die Fußgängerbrücken über die Gleise an beiden Enden der Bahnsteige. Bemerkenswert sind außerdem ein gusseisernes Portal mit beleuchteten Zieltafeln, das 1925 am Eingang zum Bahnsteig in Richtung Osten installiert wurde, sowie ein von ionischen Säulen gesäumtes Marmordenkmal, das an im 1. Weltkrieg getötete Bahnmitarbeiter erinnert.

*entrance to the eastbound platform and footbridges across the tracks at either end of the platforms also date from this time. Other notable features include a cast iron portal with illuminated destination panels installed at the entrance to the eastbound platform in 1925 and a tall marble WW1 memorial set within Ionic columns.*

Dieser denkmalgeschützte Bahnhof verfügt über ein attraktives ovales Eingangsgebäude von C.W. Clark (1930). Die Bahnsteigebene wurde in den 1980er Jahren restauriert, um die ursprüngliche gewölbte Backsteindecke sowie die Seitenwände mit ihren Nischen von 1863 freizulegen. Das Eingangsgebäude liegt auf einer Straßeninsel und hatte ursprünglich Eingänge aus allen Richtungen, heute nur noch vom Norden und Osten. Die Fassade ist mit cremefarbener Terrakotta verkleidet. In der Schalterhalle reihen sich rund um die Zugangssperren acht quadratische Säulen. An den Wänden sowie in den Treppenabgängen kamen großflächig emaillierte Wandfliesen zum Einsatz.

*This listed station features an attractive oval-shaped station building by C.W.Clark (1930) and platforms restored in the 1980s to reveal the original 1863 vaulted brick ceiling and recessed side walls designed by Sir John Fowler. The station building is situated on an island site and originally had entrances from all directions but those on the southern and western sides are now closed. The exterior is clad in cream terracotta and the ticket hall has eight distinctive square columns in a circle around the ticket gates. Extensive use is made of vitreous enamel wall tiles in the ticket hall and staircases.*

10-01-1863 – Metropolitan Railway

Zone 1 | Grade II

# EUSTON SQUARE

Circle Line | Hammersmith & City Line | Metropolitan Line

Der Bahnhof Euston Square hatte ursprünglich eine gewölbte Backsteindecke wie Baker Street und Great Portland Street und Eingangsgebäude an beiden Seiten der Euston Road. Zur Verbreiterung der Euston Road wurden die Eingänge 1931 durch Entwürfe von C.W. Clark ersetzt und durch eine unterirdische Passage mit einer neuen Schalterhalle verbunden. Nach Bombenschäden im 2. Weltkrieg wurden die Eingänge abgerissen und die Backsteindecke durch eine niedrigere Metallträgerdecke ersetzt, während die Seitenwände verfliest wurden. Ein neuer südlicher Eingang mit Treppen und Aufzügen (nur zum Bahnsteig Richtung Westen) entstand 2004 als Teil eines Büroneubaus. Der Fernbahnhof Euston liegt rund 300 m entfernt; ein unterirdischer Übergang ist im Zusammenhang mit der Erweiterung des Bahnhofs Euston für die Hochgeschwindigkeitsstrecke Richtung Nordwesten („High Speed 2") geplant.

*Euston Square station originally had a vaulted brick roof like Baker Street and Great Portland Street and surface buildings either side of Euston Road. The surface buildings were replaced in 1931 by C.W. Clark designs linked by a subway to a new ticket hall beneath a widened Euston Road. Following bomb damage in WW2, the surface structures were demolished and the vaulted platform roof was mostly replaced by a low metal girder ceiling, with the platform side walls clad in tiles. A new southern entrance with stairs and lifts (to the westbound platform only) opened as part of a new office development in 2004. Interchange with Euston mainline station requires a 300 m walk along Euston Road but there are plans for a subway link in connection with the reconstruction of Euston as the London terminus of High Speed 2.*

10-01-1863
Metropolitan Railway

> West

Zone 1

# KING'S CROSS ST. PANCRAS

Circle Line | Hammersmith & City Line | Metropolitan Line

Eingang unter der Auffahrt zum Bahnhof St. Pancras | *Entrance under the St. Pancras station forecourt*

Der ursprüngliche Bahnhof der *Metropolitan Railway* hatte ein beeindruckendes Tonnendach ähnlich wie Notting Hill Gate, das jedoch 1910 abgebaut wurde. Im Rahmen des „New Works Programme" wurde der Bahnhof 1941 250 m nach Westen verlegt, um den Übergang zur Northern und Piccadilly Line sowie zu den Fernbahnhöfen King's Cross und St. Pancras zu verbessern. Dabei wurden die beiden Bahnsteige in neuen Röhren beiderseits des ursprünglichen Streckentunnels errichtet, während mittig eine großzügige Verteilerebene entstand. Unter der Auffahrt des Fernbahnhofs St. Pancras wurde 2006 eine neue westliche Schalterhalle eröffnet, von der man direkt zu den Bahnsteigen der Circle, Hammersmith & City und Metropolitan Line gelangt.

*The original Metropolitan Railway station featured an impressive overall arched roof similar to that at Notting Hill Gate, but this was dismantled in 1910. As part of the New Works Programme the station was relocated 250 m to the west in 1941 to improve interchange with the Northern and Piccadilly Lines and King's Cross and St. Pancras mainline stations. The two subsurface platforms are situated in tunnels either side of the original running tunnel which now serves as a wide passageway and central concourse. A new western ticket hall directly serving the subsurface lines opened beneath the forecourt of St. Pancras mainline station in 2006.*

Eingang vor dem Bahnhof King's Cross
*Entrance in front of King's Cross railway station*

Hammersmith & City Line ▸ Hammersmith

# KING'S CROSS ST. PANCRAS

Circle Line | Hammersmith & City Line | Metropolitan Line

10-01-1863 – Metropolitan Railway

Zone 1

Northern Line
Piccadilly Line
Victoria Line
National Rail
Eurostar

Urprünglicher Streckentunnel | *Original running tunnel*

# FARRINGDON

Circle Line | Hammersmith & City Line | Metropolitan Line

Farringdon wurde als vorübergehende Endstation eröffnet und 1865 durch einen von Fowler entworfenen Bahnhof ersetzt, als die Linie nach Moorgate verlängert wurde. Die sog. „City Widened Lines“, d.h. die heute von Thameslink genutzten Gleise an der Westseite, kamen 1866 hinzu. Der Zugang von Fowler wurde 1923 durch ein attraktives Clark-Eingangsgebäude mit cremefarbener Terrakotta-Fassade, an dessen oberem Rand der Stationsname in großen Lettern zu lesen ist, ersetzt; gegenüber entstand eine dazu passende Einkaufspassage. Die beeindruckende, von verzierten Säulen getragene Glasüberdachung wurde 1988 restauriert. Bis 2012 wurden die Thameslink-Bahnsteige nach Süden verlängert, das Glasdach Richtung Norden

*Farringdon opened as a temporary terminus and was replaced by a Fowler-designed station when the line was extended to Moorgate in 1865. The 'City Widened Lines', used today by Thameslink services, with platforms to the west of the Metropolitan tracks, opened in 1866. Fowler's building was replaced in 1923 by an attractive C.W. Clark building with a cream terracotta facade and embossed lettering at high level together with a matching shopping parade on the opposite side of the street. The station's impressive original glazed trainshed roof with decorative support columns was restored in 1988. Works undertaken as part of the Thameslink Programme, completed in 2011/12, included lengthening the Thameslink platforms*

10-01-1863
Metropolitan Railway

Elizabeth Line | National Rail

Zone 1 | Grade II

City Widened Lines (links | *left*)

# FARRINGDON

Circle Line | Hammersmith & City Line | Metropolitan Line

erweitert und eine Fußgängerbrücke als Stahl-Glas-Konstruktion über den Gleisen errichtet; außerdem wurden ein neuer Eingang auf der Ostseite des Bahnhofs geschaffen und Aufzüge eingebaut. Gegenüber der U-Bahn-Station entstand 2011 eine gemeinsame Schalterhalle für Thameslink und die Elizabeth Line, was den Abriss der erwähnten Einkaufspassage von C.W. Clark erfordert hatte.

*to the south, extending the train shed roof to the north, provision of a steel and glass footbridge over the tracks, creation of a new entrance on the east side of the station and the installation of lifts. A combined Thameslink/Elizabeth Line ticket hall opened opposite the Underground station in 2011 requiring the demolition of C.W. Clark's aforementioned shopping parade.*

Neuer Osteingang | *New eastern entrance*

Gedenktafel für | *Memorial to*
Edward Johnston (*designer of the Underground typeface*)

(Links) Schalterhalle für Thameslink/Elizabeth Line *ticket hall (left)*

# BARBICAN

Circle Line | Hammersmith & City Line | Metropolitan Line

(Rechts) Stillgelegte Gleise der "City Widened Lines" | *Disused City Widened Lines (right)*

Barbican hatte ursprünglich ein Eingangsgebäude aus Backstein sowie ein beeindruckendes Tonnendach, das die vier Gleise der Metropolitan Railway und der „City Widened Lines" überspannte. Das im Zweiten Weltkrieg schwer beschädigte Eingangsgebäude wurde 1955 abgerissen und durch eine unterirdische Schalterhalle unter einem Bürogebäude ersetzt. Das Dach wurde ebenfalls entfernt und durch einfache kurze Bahnsteigdächer aus Metall abgelöst, lediglich die seitlichen Stützmauern und Dachhalterungen erinnern an den früheren Glanz des Bahnhofs. Der Abschnitt Farringdon – Moorgate der „City Widened Lines" wurde 2009 stillgelegt, die nun ungenutzten Gleise sollen zukünftig der U-Bahn als Abstellgleise dienen. Am westlichen Ende des Bahnhofs verbindet ein neuer Aufzug den Bahnsteig Richtung Westen mit dem östlichen Ende der Station Farringdon der Elizabeth Line.

*Barbican originally had a brick surface building and an impressive arched overall roof spanning the four tracks of the Metropolitan Railway and the City Widened Lines. However, the station was heavily damaged in WW2 and in 1955 the remains of the surface building were demolished and replaced by a basement ticket hall beneath an office block. The overall roof was also removed and replaced by functional metal canopies over parts of the platforms, only the high brick retaining walls and roof support brackets remaining as a reminder of the station's former glory. The Farringdon – Moorgate section of the City Widened Lines closed in 2009 but the redundant tracks are due to be reinstated as stabling sidings for Underground trains. At the west end of the station a new lift connects the westbound platform with the eastern end of the Elizabeth Line's Farringdon station.*

23-12-1865 – Metropolitan Railway | Elizabeth Line (Farringdon) | > West | Zone 1

Moorgate war ursprünglich die Endstation der *Metropolitan Railway* und der „City Widened Lines"; 1875 wurden die Metropolitan-Gleise bis Liverpool Street verlängert. 1896 entstand ein neues Eingangsgebäude und Bahnsteigüberdachungen ersetzten das ursprüngliche instabile Gesamtdach. Nach schweren Schäden im 2. Weltkrieg wurde der Bahnhof in den 1960er Jahren überbaut, wobei die Schalterhalle in ein Bürogebäude integriert wurde. 2021 wurde unter einem neuen Bürokomplex eine großzügige Schalterhalle eröffnet, von der das westliche Ende der Station Liverpool Street der Elizabeth Line per Aufzug und Rolltreppen sowie die „Subsurface"-Bahnsteige der U-Bahn per Aufzug und Festtreppen erreicht werden. Der U-Bahnhof ist 6-gleisig: zwei Durchgangsgleise und zwei Stumpfgleise aus Richtung Westen, die hauptsächlich bei Betriebsstörungen genutzt werden, sowie zwei seit 2009 nicht mehr genutzte Stumpfgleise (vormals Thameslink).

*Moorgate was originally the terminus of the Metropolitan Railway and the City Widened Lines; it became a through station when the Metropolitan tracks were extended to Liverpool Street in 1875. It was rebuilt in 1896 with a new surface building and platform canopies in place of the original overall roof which had become unsafe. The station was badly damaged in WW2 and in the 1960s was rafted over with a new surface level ticket hall constructed beneath an office block. In 2021, an enlarged ticket hall opened beneath a new office block, with stair and lift access to the subsurface platforms and escalator/lift access to the western end of the Elizabeth Line's Liverpool Street station. The subsurface station has two through tracks and two terminating tracks from the west used mainly at times of service disruption. The former City Widened Lines have been disused since the withdrawal of Thameslink services in 2009.*

23-12-1865 – Metropolitan Railway

Northern Line | Elizabeth Line (Liverpool St) | National Rail | Zone 1

Stationsschilder im Stil der Metropolitan Railway
*Replica Metropolitan Railway station nameboards*

# LIVERPOOL STREET

Circle Line | Hammersmith & City Line | Metropolitan Line

Dieser U-Bahnhof wurde in einem Einschnitt an der Südseite der Liverpool Street gebaut und durch Fußgängerunterführungen mit dem Fernbahnhof verbunden. Das Bahnhofsdach wurde 1911-12 entfernt, bevor über den Gleisen eine Einkaufspassage sowie eine Schalterhalle am westlichen Ende errichtet wurden. Letztere wurde später verändert, doch die Passage wurde trotz Plänen aus den 1980er Jahren, sie durch ein Bürogebäude zu ersetzen, liebevoll restauriert. Im Rahmen einer Renovierung des Fernbahnhofs Ende der 1980er Jahre entstand für die U-Bahn eine große Schalterhalle, von der der Bahnsteig Richtung Osten stufenlos zugänglich ist, während eine Fußgängerbrücke zum Bahnsteig Richtung Westen führt. Der Bahnsteigbereich ist heute hauptsächlich mit weißen Emaillepaneelen verkleidet, bemerkenswert sind hingegen die Stahlträger, auf denen die Einkaufspassage ruht. Am westlichen Ende des Bahnhofs ist ein originales Stellwerk aus dem Jahr 1875 erhalten.

*The station was built in a cutting on the south side of Liverpool Street and linked to the mainline station by pedestrian subways. Its overall platform roof was removed and replaced in 1911-12 by a raft supporting a shopping arcade with a new ticket office at the western end. The ticket office has been altered, but the arcade has been sympathetically restored despite 1980s plans to replace it with an office development. The renovation of the mainline station in the late 1980s included the provision of a large ticket hall leading directly off the mainline concourse with level access to the eastbound platform and footbridge access to the westbound. At platform level, décor is mainly white vitreous enamel wall and ceiling panels but the steel girders supporting the raft are a prominent feature. An original signal box dating from 1875 remains at the western end of the station.*

# LIVERPOOL STREET

Circle Line | Hammersmith & City Line | Metropolitan Line

Zugang vom Fernbahnhof | *Entrance from mainline station*

12-07-1875 – Metropolitan Railway

Central Line, Overground, Elizabeth Line, National Rail

Zone 1

\> East

Grade II (Signal Box)

Denkmalgeschütztes Stellwerk | *Listed signal box*

# ALDGATE

Circle Line | Metropolitan Line

Der U-Bahnhof Aldgate bildet den westlichen Schenkel des Gleisdreiecks zwischen den Bahnhöfen Liverpool Street, Tower Hill und Aldgate East. Von den Bahnsteigen aus kann man Züge in alle Richtungen beobachten. Aldgate entstand als Endstation der *Metropolitan Railway*, wurde aber mit der Verlängerung der Linie bis Tower Hill im Jahr 1882 zum Durchgangsbahnhof. Auf den mittigen Stumpfgleisen endet die Metropolitan Line, während die beiden äußeren Gleise von der Circle Line genutzt werden. Das ursprüngliche Eingangsgebäude wurde 1926 durch ein neues von C.W. Clark mit cremefarbener Terrakotta-Fassade ersetzt. Im Innenbereich führt eine breite Treppe von der Schalterhalle hinunter zu einer Zwischenebene, von der weitere Treppen zu den Bahnsteigen führen. Das nördliche und südliche Ende der Bahnsteige wurden überbaut, aber trotzdem blieb die Bahnsteigüberdachung erhalten. Im mittleren Bereich hat das Glasdach von 1876 überlebt.

*Aldgate station is located on the western side of the triangular junction between Liverpool Street, Tower Hill and Aldgate East stations. Trains traversing all sides of the triangle can be seen from Aldgate's platforms. It opened as the terminus of the Metropolitan Railway but became a through station with the extension of the line to Tower Hill in 1882. It has two central terminating tracks used by Metropolitan Line services and two outer tracks used by the Circle Line. The original station building was replaced in 1926 by a C.W. Clark design with cream terracotta façade. Internally, a wide staircase leads down from the ticket hall to an intermediate overbridge with further stairs down to the platforms. The northern and southern ends of the platforms are rafted over but platform canopies have been retained beneath the rafts and the 1876 glazed roof also remains above the central section.*

# ALDGATE

Circle Line | Metropolitan Line

18-11-1876 – Metropolitan Railway

Zone 1

# TOWER HILL

Circle Line | District Line

Über den Bahnhof Tower Hill gelangen die Touristen zum Tower of London und zur Tower Bridge. Hier gab es anfangs eine provisorische Endstation für die von Aldgate verlängerte *Metropolitan Railway*, bis 1884 ein neuer Bahnhof 100 m weiter westlich eröffnet wurde. 1967 kehrte er an seinen ursprünglichen Standort zurück, nun mit einer Schalterhalle (heute nur Ausgang) im Erdgeschoss eines Bürogebäudes (heute ein Hotel). Der Zugang erfolgt heute über eine unterirdische Schalterhalle aus dem Jahr 1988, auf dessen Dach sich ein Aussichtspunkt mit einer Sonnenuhr befindet. Am östlichen Ende des Bahnsteigs Richtung Westen ist ein kleines Stück der römischen Mauer der City of London zu sehen. Das mittige Stumpfgleis wurde 2017 Richtung Osten durchgebunden, dient aber weiterhin den aus dem Westen hier endenden Zügen.

*Tower Hill station serves two popular tourist attractions, the Tower of London and Tower Bridge. It opened as a temporary terminus when the Metropolitan Railway was extended from Aldgate and was replaced in 1884 by a station 100 m to the west. In 1967 the station was relocated back to its original site with a ticket office (now exit only) on the ground floor of an office block (since rebuilt as a hotel). The current station entrance is via a separate subsurface ticket hall built in 1988; this has a public viewing area with a sundial on the roof. For the very observant, a small section of the City of London's Roman wall can be seen at the eastern end of the westbound platform. The former dead-end central track was extended eastwards in 2017 creating three through tracks but is still only used by terminating trains from the west.*

25-09-1882
Metropolitan Railway

Zone 1

DLR (Tower Gateway - 150 m)
National Rail (Fenchurch St - 100 m)

# MONUMENT

Circle Line | District Line

Der U-Bahnhof Monument ist nach dem nahe gelegenen „Monument to the Great Fire of London“ (1666) aus dem 17. Jahrhundert benannt. Die ursprüngliche oberirdische Schalterhalle wurde Anfang des 20. Jahrhunderts im Untergeschoss eines Bürogebäudes neu gebaut, 1933 kam eine Rolltreppe zur Station Bank hinzu. Die Schalterhalle wurde 1935 vergrößert, Gänge unter der King William Street führen zu Ausgängen mit einem großen „UndergrounD“-Rondell. Anfang der 1990er Jahre wurde eine neue Rolltreppenverbindung zu den Bahnsteigen der DLR-Station Bank eröffnet und der U-Bahnhof umfassend saniert. Die Bahnsteigwände zieren Basreliefs von Greifen – eins der Wappentiere der City of London.

*Monument station is named after the nearby 17th century Monument to the Great Fire of London (1666). The original surface level ticket hall was rebuilt at basement level beneath an office block in the early 20th century and in 1933 a connecting escalator link was provided to Bank station. In 1935 the ticket hall was enlarged and connected to a pedestrian subway network beneath King William Street, the entrances of which have large 'UndergrounD' roundels. In the early 1990s a new escalator link was opened to Bank DLR platforms, and the station was comprehensively refurbished. The platform walls feature bas-reliefs of griffins – one of City of London's heraldic beasts.*

06-10-1884 – Metropolitan & District Railways | Zone 1 | (Bank) Central Line, Waterloo & City, Northern Line, DLR

# CANNON STREET

Circle Line | District Line

Der ursprüngliche Bahnhofseingang befand sich auf dem Vorplatz des Cannon Street Hotels, das vor dem Vorortbahnhof stand. In den 1960er Jahren wurde das Hotel, in dem längst Büros eingezogen waren, durch einen Bürokomplex mit neuen Schalterhallen für U-Bahn und Vorortbahn ersetzt. Dieses Bürogebäude wurde wiederum 2011 durch Cannon Place abgelöst, einen Büroturm mit einem markanten Außenrahmen, der über einer neuen U-Bahn-Schalterhalle im Untergeschoss mit Zugang von der Straße und vom Vorortbahnhof schwebt. Lediglich der Bahnsteig Richtung Westen ist per Aufzug zugänglich. Der moderne Eingang bildet einen Kontrast zur Bahnsteigebene, die noch im Stil der 1970er Jahre gestaltet ist.

*The original station entrance was situated on the forecourt of the Cannon Street Hotel which stood in front of the mainline station. In the 1960s the former hotel, long since converted to offices, was replaced by an office development incorporating new ticket halls for the Underground and mainline stations. The 1960s offices were in turn replaced in 2011 by Cannon Place, an office block with a distinctive external structural frame cantilevered over a new basement level Underground ticket hall with access from the street and from the mainline concourse. Lift access is provided to the westbound platform only. The modern ticket office contrasts with the platforms which still feature 1970s-style decor.*

06-10-1884 – Metropolitan & District Railways | National Rail | > West | Zone 1

# MANSION HOUSE

Circle Line | District Line

Der U-Bahnhof Mansion House ist nach der offiziellen Residenz des *Lord Mayor of London* (quasi der Bürgermeister der City of London) benannt. Dies war ursprünglich die östliche Endstation der *District Railway* und auch nach der Verlängerung im Jahr 1884 verblieben zwei Stumpfgleise aus Richtung Westen. Ende der 1960er Jahre entwickelte sich jedoch Tower Hill zur wichtigsten Zwischenendstelle, so dass die Stumpfgleise 1968 bzw. 2016 entfernt wurden. Der ursprüngliche Bahnhof lag in einem größtenteils überbauten Einschnitt mit einer Schalterhalle im Erdgeschoss eines fünfstöckigen Bürogebäudes. Die Schalterhalle wurde um 1912 im Zusammenhang mit dem Bau von Fußgängerunterführungen unter der Queen Victoria Street in das Untergeschoss verlegt. Der U-Bahnhof erhielt einen neuen Eingang und eine vergrößerte Schalterhalle, als das ursprüngliche Bürogebäude um 1990 ersetzt wurde.

*Mansion House station is named after the official residence of the Lord Mayor of London. It was originally the eastern terminus of the District Railway and two bay roads were retained for terminating eastbound trains after it became a through station in 1884. However, Tower Hill became the main reversing point in the late 1960s and the bay roads were lifted (in 1968 and 2016). The original station was in a cutting, mostly built over, with a ticket hall on the ground floor of a five-storey office block. The ticket hall was moved to basement level around 1912 in connection with the opening of pedestrian subways beneath Queen Victoria Street. The station gained a new entrance and enlarged ticket hall when the original office block was replaced around 1990.*

03-07-1871
District Railway

Zone 1

# BLACKFRIARS

Circle Line | District Line

Der ursprüngliche U-Bahnhof der *District Railway* hatte ein beeindruckendes vierstöckiges Gebäude, das mit seinen Balkonen und verzierten Türmen als „etwas bizarr … im orientalischen Stil“ beschrieben wurde, doch nach Bombenschäden im Jahr 1940 blieben nur zwei Stockwerke übrig. Der Bahnhof wurde Ende der 1970er Jahre und erneut zwischen 2009 und 2012 umgebaut, dieses Mal im Zusammenhang mit dem Ausbau des Vorortbahnhofs Blackfriars für die S-Bahn „Thameslink“. Auf einer Betonplatte über den U-Bahn-Gleisen wurde eine gemeinsame Schalterhalle für U-Bahn und S-Bahn errichtet, von der Rolltreppen und Aufzüge sowohl hinunter zu den U-Bahn-Bahnsteigen als auch hinauf zu den Thameslink-Bahnsteigen führen. Die

30-05-1870 – District Railway

National Rail

Zone 1

*The original District Railway station had an impressive four-storey building described as 'somewhat bizarre… in the Oriental style' with balconies and ornate towers, but only two floors remained after bomb damage in 1940. The station was rebuilt in the late 1970s and again between 2009-12 when it was closed to permit the reconstruction of Blackfriars mainline station as part of the Thameslink Programme. A combined Underground/National Rail booking hall was built on a concrete raft above the Underground tracks with escalator and lift access down to the Underground and up to the elevated National Rail platforms. The spacious ticket hall has a curved glass façade and a massive internal Underground ventilation shaft faced with dark blue glass panels, plus a sandstone destination wall rescued from the original façade of the mainline station. The Underground platforms are finished in the current corporate style with cream wall tiles and contrasting features in blue.*

weitläufige Schalterhalle hat eine gebogene Glasfassade und im Innenbereich einen massiven, mit dunkelblauen Glasscheiben verkleideten Lüftungsschacht für den U-Bahnhof. Eine Wand zieren Tafeln aus Sandstein, die von der ursprünglichen Fassade des Vorortbahnhofs gerettet wurden und verschiedene Ziele in England und in Europa zeigen, darunter Berlin, Baden-Baden, Darmstadt oder auch „Leipsic". Die unterirdische Bahnsteigebene ist im aktuellen Unternehmensstil mit cremefarbenen Wandfliesen und kontrastierenden Elementen in Blau ausgeführt.

U-Bahn-Lüftungsschacht | *Underground ventilation shaft*

# TEMPLE

Circle Line | District Line

Der U-Bahnhof Temple hatte ursprünglich nur ein kleines Eingangsgebäude aus Backstein und eine vollständige Überdachung. 1911 wurde ein von Harry Ford entworfenes einstöckiges Gebäude errichtet, das mit Portland-Stein verkleidet ist und sich über den gesamten Bahnsteigbereich erstreckt. Die Schalterhalle befindet sich am östlichen Ende des Gebäudes, der Rest wird gewerblich genutzt. Treppen führen zu einer Terrasse auf dem Flachdach. Erwähnenswert ist ein historischer U-Bahn-Netzplan aus dem Jahr 1932 rechts neben dem Eingang sowie die verzierten Säulen entlang der gekrümmten Bahnsteige.

*Temple station originally had a small brick surface building and overall roof. It was reconstructed in 1911 with a single storey building clad in Portland stone by Harry Ford supported on girders spanning the tracks and platforms. The station booking hall is at the eastern end of the building with commercial units in the remainder and stair access to a promenade and viewing area on the flat roof. Interesting features include a heritage tube map dating from 1932 to the right of the entrance and ornate columns along the curved platforms.*

30-05-1870 – District Railway

Zone 1

# EMBANKMENT

Circle Line | District Line

Die ursprünglichen Eingangsgebäude aus Backstein wurden 1914 durch ein von Harry Ford entworfenes einstöckiges Gebäude ersetzt, aus Portland-Stein und mit Säulen verziert. Ein Ausgang führt zum Victoria Embankment, der andere zur Villiers Street (als Übergang zum Bahnhof Charing Cross). Gleichzeitig verschwand das Tonnendach und der Bahnsteigbereich wurde abgedeckelt. In den 1920er Jahren wurde die Schalterhalle vergrößert, um den Übergang zur Bakerloo und Northern Line zu verbessern, wobei trotz späterer Umbauten einige Wandfliesen aus den 1920er Jahren erhalten blieben. Die Bahnsteigwände sind mit weißen Emailplatten verkleidet, die 1984/85 von Robyn Denny gestaltet wurden.

*The original brick station buildings were replaced in 1914 by a single-storey building designed by Harry Ford, finished in Portland stone with colonnaded entrances facing Victoria Embankment and Villiers Street (leading to Charing Cross mainline station). The station's original arched platform roof was replaced by a raft around this time. Further changes in the 1920s included an enlarged ticket hall and improved interchange between the Circle/District Lines and the Bakerloo and Northern tube lines, with some 1920s wall tiling remaining despite subsequent alterations. The platforms are clad with white vitreous enamel panels decorated with a pattern of different coloured stripes by Robyn Denny dating from 1984/85.*

30-05-1870 – District Railway

Bakerloo Line | Northern Line
National Rail (Charing Cross - 150 m)

Zone 1

# WESTMINSTER

Circle Line | District Line

Der U-Bahnhof Westminster wurde 1868 als vorübergehende Endstation der *District Railway* eröffnet, bis diese 1870 bis Blackfriars verlängert wurde. Er blieb lange weitgehend unverändert, im offenen Einschnitt mit Bahnsteigüberdachungen statt eines Gesamtdachs, bis in den 1990er Jahren für den Bau der Jubilee Line darunter und des Portcullis House (Regierungsgebäude) darüber erhebliche Umbaumaßnahmen erfolgten. Die Gleise der Circle/District Line wurden abgesenkt, um für das Portcullis House ein Erdgeschoss auf Straßenhöhe sowie für die U-Bahn eine unterirdische Schalterhalle, wenn auch mit niedriger Decke, zu ermöglichen. Neben und unter den Gleisen wurde für den Übergang zur Jubilee Line ein spektakulärer Betonkasten mit Querverstrebungen errichtet, indem eine Reihe versetzt

*Westminster station opened in 1868 as a temporary terminus of the District Railway until it was extended to Blackfriars in 1870. The station remained as built in an open cutting with platform canopies (rather than an overall roof) until redeveloped in the 1990s to accommodate the Jubilee Line below and Portcullis House (government offices) above. The Circle/District Line tracks were lowered to provide a level floor for Portcullis House and to provide space for a basement ticket hall, albeit with a low ceiling. A spectacular deep-level concrete box was constructed around and below the tracks to provide access to the Jubilee Line via stacked banks of escalators supported from cross bracing structures. The whole station is finished in fair-faced concrete and stainless*

24-12-1868 – District Railway

Jubilee Line

Zone 1

angeordneter Fahrtreppen eingebaut wurden. Die gesamte Station ist in Sichtbeton und Edelstahl ausgeführt. Der Haupteingang befindet sich unter der Kolonnade des Portcullis House, weitere Eingänge findet man in der Parliament Street und am Victoria Embankment (Westminster Bridge).

*steel. The main entrance is beneath the colonnade of Portcullis House with additional entrances from Parliament Street and Victoria Embankment (Westminster Bridge) via public subways.*

# ST. JAMES'S PARK

Circle Line | District Line

Der U-Bahnhof St. James's Park befindet sich unter „55 Broadway", einem markanten Art-Deco-Gebäude, das von Charles Holden als Hauptsitz der *Underground Group* entworfen wurde. Es wurde zuletzt von *Transport for London* genutzt, bis es 2019 zwecks Umbau in ein Hotel verkauft wurde. Der Bahnhof hatte ursprünglich ein Tonnendach und ein kleines, von Fowler entworfenes Eingangsgebäude, doch früh begann die Überdeckelung zur Errichtung von Büros, beginnend mit dem Hauptsitz der *District Railway* im Jahr 1898 bis hin zur Eröffnung von „55 Broadway" im Jahr 1929. Drei Eingänge führen zur Hauptschalterhalle, die sich in einer mit Marmor verkleideten Einkaufspassage im

24-12-1868 – District Railway

2x · Zone I · Grade I

*St James's Park station is situated beneath 55 Broadway, an iconic art deco landmark building designed by Charles Holden as the headquarters of the Underground Group – latterly occupied by Transport for London until sold in 2019 for conversion into a hotel. The station originally had an arched overall roof and a small Fowler-designed surface booking hall but was gradually rafted over for office development, commencing with headquarters for the District Railway in 1898 and culminating in the opening of 55 Broadway in 1929. The station's main ticket hall is located within a marble clad shopping arcade complex on the ground floor of 55 Broadway, accessible via three entrances. The platforms still retain wall tiles, signage and a disused wooden newsagent's kiosk from the 1920s modernisation. A secondary ticket hall at the western end of the station, on Palmer Street, opened in 1909 and was rebuilt in the 1960s.*

# ST. JAMES'S PARK

Circle Line District Line

55 Broadway

Erdgeschoss von „55 Broadway" befindet. Auf der Bahnsteigebene sind noch Wandfliesen, Schilder und ein geschlossener Zeitungskiosk aus Holz aus den 1920er Jahren erhalten. Eine zweite Schalterhalle, die 1909 eröffnet und in den 1960er Jahren umgebaut wurde, liegt am westlichen Ende des Bahnhofs in der Palmer Street.

# VICTORIA

Circle Line | District Line

Eingang in der Victoria Street *entrance*

Der U-Bahnhof Victoria der Circle/District Line liegt nördlich des Terminus Place; ein Fußgängertunnel unter den Bushaltestellen verbindet ihn mit dem Fernbahnhof Victoria. Der U-Bahnhof hatte ursprünglich beiderseits einer über den Gleisen schwebenden Schalterebene jeweils eine Vollüberdachung. Das Dach wurde 1910/11 entfernt und die Bahnsteige wurden zwecks Überbauung abgedeckelt; gleichzeitig entstand eine neue unterirdische Schalterhalle

*The Circle/District Line station is situated to the north of Terminus Place with a subway connection beneath Victoria bus station to the mainline station. The station originally had an overall roof in two sections either side of a booking hall spanning the tracks. However, the original roof and booking hall were removed in 1910/11 and the platforms were rafted over for oversite development; the rebuilding included a new basement ticket hall and a*

Eingang am Terminus Place *entrance*

und eine heute denkmalgeschützte Einkaufspassage, die von G. Sherrin entworfen wurde und in der noch immer ein verziertes DR-Monogramm zu sehen ist. Ein geplantes Hotel wurde nie verwirklicht, jedoch wurden 1922-25 über dem Bahnhof ein Bürogebäude, Victoria Station House, sowie ein Restaurant (heute Victoria Market Hall) errichtet.

Zur Eröffnung der Victoria Line im Jahr 1969 wurde eine separate Schalterhalle zusammen mit einer Reihe von Umsteigetreppen und -rolltreppen gebaut, die die Bahnsteige der Circle/District Line mit denen der Victoria Line verbinden. Im Rahmen eines 2017/18 abgeschlossenen Bahnhofsausbaus bekamen auch die Subsurface-Bahnsteige Aufzüge. Außerdem wurde eine neue nördliche Schalterhalle (Ecke Victoria Street/Bressenden Place) mit Verbindungsgängen zum Bahnhof der Circle/District Line eröffnet.

*fine Grade II listed shopping arcade designed by George Sherrin which still retains a decorative DR monogram. A planned hotel did not materialise but a large office block, Victoria Station House, and a restaurant (now Victoria Market Hall – a food court) were built above the station in 1922-25.*

*A separate ticket hall was built for the opening of the Victoria Line in 1969 together with a series of interchange stairs/escalators linking the Circle/District and Victoria Line platforms. Lift access was provided to the subsurface platforms as part of a major station upgrade to address overcrowding which was completed in 2017/18. This also included a new Northern ticket hall (at Victoria Street/Bressenden Place) with passageway connections to the subsurface station.*

24-12-1868 – District Railway · Victoria Line · National Rail · Zone 1

# SLOANE SQUARE

Circle Line | District Line

Der Bahnhof Sloane Square hatte ursprünglich ein ähnliches Eingangsgebäude wie Bayswater. Es wurde Ende der 1930er Jahre umgebaut und bekam eine neue Schalterhalle sowie aufwärts führende Fahrtreppen, die ersten Fahrtreppen auf den „Subsurface“-Linien überhaupt. Der Bahnhof erlitt allerdings bereits 1940 schwere Bombenschäden. Beim Wiederaufbau bis 1951 wurden statt des ursprünglichen Gesamtdachs lediglich Bahnsteigüberdachungen errichtet. Der Eingang wurde in den 1960er Jahren mit einem Bürogebäude überbaut und zuletzt 2015-2018 mit blauen und weißen Fliesen renoviert, außerdem wurden Wandbilder mit Botanikmotiven angebracht. Neben den erhaltenen Stützwänden und Dachträgern ist eine Brückenkonstruktion über den Gleisen erwähnenswert, die den Ranelagh-Kanal führt, einen Überrest eines Nebenflusses der Themse.

*The original surface building, similar to that at Bayswater, was rebuilt in the late 1930s to accommodate a new ticket hall and up escalators from the platforms (the first escalators on the subsurface lines) but the new facilities were destroyed by bombing in 1940. Rebuilding was completed again in 1951, this time including replacement of the damaged original overall roof by platform canopies, and an office block was constructed above the surface building in the 1960s. The station was refurbished between 2015 and 2018 with corporate blue and white tiling enlivened by some botanical artwork. Distinctive features include the platform retaining walls and brackets that once supported the overall roof and a conduit across the tracks which carries the Ranelagh Sewer, a remnant of a tributary of the Thames.*

24-12-1868 – District Railway

Zone 1

# SOUTH KENSINGTON

Circle Line | District Line

Anfangs verfügte der Bahnhof South Kensington über separate Gleise für *Metropolitan* und *District Railway* und war vollständig überdacht. Das Dach wurde 1906/07 durch Bahnsteigüberdachungen ersetzt, die beiderseitigen Stützmauern sowie die Dachstützen an der Südseite blieben erhalten. 1957 wurde ein mittiges Stumpfgleis entfernt und ein breiter Mittelbahnsteig errichtet, Ende der 1960er Jahre verschwanden auch die beiden äußeren Gleise. Das ursprüngliche Eingangsgebäude wurde 1907 durch eine Einkaufspassage mit Glasdach von George Sherrin ersetzt, von wo man in eine unterirdische Schalterhalle gelangt. Die Eingänge aus cremefarbener Terrakotta an jedem Ende der Arkade sind mit dekorativen Schmiedearbeiten versehen, die die Namen des Bahnhofs und der beiden Eisenbahngesellschaften enthalten. Ein 433 m langer, denkmalgeschützter Fußgängertunnel, der den Bahnhof mit den Museen in der Exhibition Road verbindet, wurde 1885 von der *District Railway* errichtet.

*In its early days South Kensington station had separate Metropolitan Railway and District Railway tracks beneath a double span overall roof. The roof was removed in 1906/07 and replaced by platform canopies but the arcaded retaining walls and southernmost roof support columns remain. Today's double-track layout dates from the removal of a central bay road in 1957 to create a single wide island platform and the removal of one through track in each direction in the late 1960s. The original station building was replaced in 1907 by a shopping arcade with a glazed roof by George Sherrin giving access to a basement ticket hall. The cream terracotta entrances at each end of the arcade feature decorative ironwork incorporating the station and railway company names. A 433 m long Grade II listed pedestrian subway was opened by the District Railway in 1885, linking the station with the museums in Exhibition Road.*

24-12-1868 – Metropolitan Railway | Piccadilly Line | Zone I | Grade II

Fußgängertunnel zur | *Subway to* Exhibition Road

# GLOUCESTER ROAD

Circle Line | District Line

Der Bahnhof Gloucester Road hatte ursprünglich getrennte MR- und DR-Gleise. Diese wurden 1957 neu angeordnet: die MR-Gleise für Züge Richtung Osten und die DR-Gleise Richtung Westen. 1970 wurde ein Gleis Richtung Osten entfernt und der Mittelbahnsteig verbreitert.

Das ursprüngliche Eingangsgebäude aus gelbem Backstein wurde in den 1980er Jahren renoviert, dabei wurden Läden entfernt, ein modernes Vordach hinzugefügt und die Zierbalustrade auf dem Dach wieder angebracht. Das ursprüngliche Tonnendach, das sich über die gesamte Bahnsteigebene erstreckte, wurde 1906/07 durch einfache Bahnsteigüberdachungen ersetzt. Die Bahnsteigebene wurde Anfang der 1990er Jahre mit einer Einkaufspassage überbaut, deren Glasdächer an das ursprüngliche Bahnhofsdach erinnern. Die ursprünglichen Stützmauern aus Backstein wurden jedoch renoviert und kugelförmige Beleuchtungskörper, die dem Original ähneln, installiert. Der stillgelegte Bahnsteig auf der Nordseite wird häufig für Kunstausstellungen im Rahmen von „Art on the Underground" genutzt. Im benachbarten Eingangsgebäude der GNP&BR (von Leslie Green, 1906) sind immer noch die

*Gloucester Road station originally had separate MR and DR tracks. These were rearranged in 1957 - the MR tracks becoming eastbound and the DR tracks westbound - and in 1970 one eastbound track was removed and the island platform widened in its place.*

*The original yellow brick station building was renovated in the 1980s with the removal of shop units from the frontage, the addition of a modern-style entrance canopy and the reinstatement of a high-level ornamental balustrade. The overall platform roof was replaced by canopies in 1906/07 and then the tracks were rafted over in the early 1990s for the construction of a shopping arcade above with vaulted rooflights reminiscent of the original station roof. The original brick retaining walls have however been refurbished and globe lighting units resembling the originals have been installed. The disused northern side platform is often used to display artwork as part of the Art on the Underground programme. The adjoining GNP&BR station building (Leslie Green, 1906) still houses the Piccadilly Line lifts but access is now via the single ticket hall in the original 1868 building.*

# GLOUCESTER ROAD

Circle Line | District Line

2015

2006

Aufzüge der Piccadilly Line untergebracht, der Zugang erfolgt allerdings ausschließlich über die zentrale Schalterhalle im Gebäude von 1868.

2005

01-10-1868 – Metropolitan Railway

Piccadilly Line

Zone 1

Grade II

# HIGH STREET KENSINGTON

Circle Line | District Line

Ehemalige Schalterhalle | *Former ticket hall*

Diese viergleisige Station wurde 1868 von der *Metropolitan Railway* eröffnet und ab 1871 auch von der *District Railway* genutzt. Auf den beiden östlichen Gleisen verkehren heute die Circle Line sowie die District Line (Edgware Road – Wimbledon), während die beiden Stumpfgleise an der Westseite den Shuttle-Zügen nach Kensington Olympia bzw. zeitweise hier endenden Fahrten dienen.

Das ursprüngliche Eingangsgebäude von Fowler wurde 1907 abgerissen und durch eine von Frank Sherrin entworfene Einkaufspassage im Jugendstil mit einer achteckigen Schalterhalle über den Gleisen ersetzt. Das verglaste Dach

*This station was opened by the Metropolitan Railway in 1868 and District Railway services started serving it in 1871. The layout comprises two through tracks used today by Circle Line and District Line Edgware Road – Wimbledon services and two bay roads on the western side used by the High Street Kensington – Olympia shuttle and other occasional terminating services.*

*Fowler's original surface building was demolished in 1907 and replaced by a shopping arcade designed by Frank Sherrin in art nouveau style with an octagonal ticket hall above the tracks. The station's overall glazed roof*

01-10-1868 – Metropolitan Railway

Zone 1

Geschlossene Fahrkartenschalter | *Disused ticket office*

# HIGH STREET KENSINGTON

Circle Line | District Line

über dem gesamten Bahnhof wurde etwa zur gleichen Zeit entfernt und durch von Sherrin entworfene verglaste Bahnsteigüberdachungen ersetzt. Eine neue Schalterhalle wurde 1939 über dem nördlichen Ende der Bahnsteige errichtet, wodurch die Einkaufspassage in das Achteck erweitert werden konnte. Zu den besonderen Merkmalen dieses Bahnhofs gehören dekorative MR/DR-Monogramme im Achteck sowie Sitzbänke mit dem typischen U-Bahn-Logo aus den 1930er Jahren.

*was removed at about the same time and replaced by Sherrin-designed glazed platform canopies. A new ticket hall opened in 1939 on a raft over the northern end of the platforms allowing the extension of the shopping arcade into the octagon. Distinctive features include decorative MR/DR monograms in the octagon and roundel platform seats dating from the 1930s.*

# NOTTING HILL GATE

Circle Line | District Line

Mit seinem beeindruckenden, teilweise verglasten, gewölbten Eisendach und den Stützmauern aus Backstein, die in den 1980er Jahren restauriert wurden, ist Notting Hill Gate das besterhaltene Beispiel für das typische Design, das einst die meisten „Inner Circle“-Stationen prägte. Dieser Bahnhof hatte ursprünglich ähnlich wie Bayswater ein Eingangsgebäude von Fowler, das jedoch 1927 durch ein Clark-Gebäude und eine unterirdische Schalterhalle ersetzt wurde. Zu diesem Zeitpunkt wurde der nördliche Teil der Bahnsteigüberdachung entfernt, um über den Gleisen ein Unterwerk einzubauen. In den späten 1950er Jahren wurden auch das Clark-Gebäude sowie das eigene Eingangsgebäude der *Central London Railway* abgerissen, um eine Straßenverbreiterung zu ermöglichen; das heutige gemeinsame unterirdische Verteilergeschoss ist über Treppen von beiden Seiten der Straße Notting Hill Gate zugänglich.

*With its impressive partially glazed arched iron roof and brick platform retaining walls, restored in the 1980s, Notting Hill Gate is the best remaining example of the typical design adopted for most of the original 'Inner Circle' stations. The station originally had a Fowler surface building similar to that at Bayswater, but this was replaced by a C.W. Clark building and subsurface ticket hall in 1927, at which time the northern section of the station roof was replaced by an electrical substation built over the line. In the late 1950s, the C.W. Clark building and the separate Central London Railway surface building were demolished to make way for road widening and replaced by the current joint Circle/District/Central Line subsurface ticket hall accessed by staircase entrances from either side of Notting Hill Gate.*

01-10-1868
Metropolitan Railway

Central Line

Zone 1 & 2

Grade II

# BAYSWATER

Circle Line | District Line

Der Bahnhof Bayswater hat das besterhaltene Backsteingebäude von Fowler, auch wenn es im Innenbereich verändert wurde und die Fassade 1922 cremefarbene Terrakotta-Platten im Clark-Stil erhielt; 1996 kam noch ein Vordach hinzu. Die ursprüngliche Überdachung der Bahnsteighalle ist zwar erhalten, aber im Bahnhof nur zum Teil sichtbar, da in den 1920er Jahren Metallträger eingebaut wurden, um die Fläche darüber gewerblich zu nutzen; die Dachkonstruktion ist auf Straßenebene gut erkennbar. Die Backsteinwände mit ihren Nischen wurden in den 1980er Jahren renoviert. 1996 wurde eine neue, breitere Fußgängerbrücke über den Gleisen mit zwei zusätzlichen Treppen zu den Bahnsteigen errichtet.

*Bayswater is the best remaining example of Fowler's original brick surface buildings albeit changed internally and with C.W. Clark style cream terracotta added to the frontage (1922) and a modern entrance canopy (1996). The original overall roof remains although only part of it can be seen from within the station; most of the roof space is now used as commercial garage premises and is hidden by a 1920s metal girder deck spanning the tracks, but it can be seen at street level. The recessed brick platform walls were refurbished in the 1980s and in 1996 a new wider footbridge was installed across the tracks with two additional staircases down to the platforms.*

01-10-1868
Metropolitan Railway

Zone 1

# PADDINGTON

Circle Line | District Line

Der U-Bahnhof Paddington der Circle/District Line liegt an der Südost-Seite der Praed Street gegenüber dem Great Western Royal Hotel (heute Hilton), welches die Hauptfassade des Fernbahnhofs Paddington bildet. Das ursprüngliche Eingangsgebäude von Fowler an der Praed Street wurde um 1914/15 im typischen Clark-Stil mit cremefarbener Terrakotta und Stationsnamen in großen Lettern umgebaut. Die Schalterhalle und die Abgänge wurden später modernisiert, aber ein „UndergrounD"-Rondell aus den 1930er Jahren ist über der Treppe am Eingang erhalten. Die Schalterhalle erstreckt sich mittig über den

*Paddington's Circle/District Line station is situated on the southeast side of Praed Street facing the Great Western Royal Hotel (now Hilton London Paddington) which forms the frontage of Paddington mainline station. Fowler's original Praed Street building was rebuilt around 1914/15 in typical C.W. Clark style with cream terracotta and embossed lettering at high level. The ticket hall and staircases now have modern finishes, but a 1930s UndergrounD roundel remains above the entrance stairwell. The ticket hall extends across the centre of the platforms and tracks, either side of which most of*

01-10-1868 – Metropolitan Railway

Bakerloo Line | Elizabeth Line | National Rail

Zone 1 | Grade II

# PADDINGTON

Circle Line | District Line

Bahnsteigen und Gleisen, welche sonst größtenteils durch Fowlers beeindruckendes eisernes und teilweise verglastes Tonnendach geschützt sind, lediglich drei Abschnitte wurden 1940 am östlichen Ende entfernt. Das Dach sowie die seitlichen Stützmauern aus gelbem Backstein wurden in den 1980er Jahren restauriert, nachdem die Holzvertäfelung von 1914/15 beseitigt worden war. Aus jener Zeit ist jedoch eine attraktive rote Überführung mit gitterartiger Umwehrung erhalten. Unterirdische Gänge verbinden die Bahnsteige der Circle/District Line mit dem Fernbahnhof und mit der Bakerloo Line.

*Fowler's impressive iron and part-glazed train shed roof remains apart from three bays removed from the eastern end in 1940 following bomb damage. The roof and yellow brick retaining walls were restored in the 1980s on the removal of wooden panelling dating from the 1914/15 rebuilding. However, an attractive red overbridge with latticed sides survives from this period. Underground passageways connect the Circle/District platforms with the mainline station and with the Bakerloo Line.*

# EDGWARE ROAD

Circle Line | Hammersmith & City Line | District Line

Ursprünglich war dies ein vollständig überdachter zweigleisiger Bahnhof mit einem von Fowler entworfenen Eingangsgebäude. In den 1920er Jahren wurde die Station jedoch viergleisig mit zwei Mittelbahnsteigen (und einem Abstellgleis) ausgebaut, um den Bau einer neuen Strecke zwischen Edgware Road und Kilburn zu ermöglichen und somit die *Metropolitan Railway* zwischen Finchley Road und Baker Street zu entlasten. Dieses Projekt wurde jedoch nicht umgesetzt, stattdessen ließ die *District Railway* ab 1926 ihre Züge von Wimbledon über Kensington High Street hinaus bis Edgware Road weiterfahren. Seit 2009 enden hier auch die im Uhrzeigersinn verkehrenden Züge der Circle Line. Westlich des Bahnhofs liegen bis zum niveaugleichen Abzweig Richtung Hammersmith nur zwei Gleise. Das von Clark entworfene Eingangsgebäude, das

*Originally built as a two-track station with overall roof and Fowler-designed surface building, the station was extensively remodelled in the 1920s with four tracks, two island platforms and a siding in anticipation of the construction of a new line between Edgware Road and Kilburn to relieve congestion on the Metropolitan Railway between Finchley Road and Baker Street. However, the project was abandoned and from 1926 the District Railway extended its Wimbledon – Kensington High Street service to terminate at Edgware Road. Since 2009 clockwise Circle Line trains also terminate here. To the west of the station, all services share a short two-track section as far as the flat junction at Praed Street. The station retains its C.W. Clark surface building with cream terracotta façade and embossed lettering at high level, glazed roofs*

10-01-1863 – Metropolitan Railway — Zone 1

(Rechts) Abstellgleis und Unterwerk
*Siding and substation (right)*

# EDGWARE ROAD

Circle Line | Hammersmith & City Line | District Line

Glasdach über dem Treppenabgang sowie eine hölzerne Überführung aus dem Jahr 1926 sind erhalten geblieben; das Glas der Bahnsteigüberdachungen ist hingegen mittlerweile durch andere Platten ersetzt worden.

Neben dem Bahnhof wurde in der Chapel Street ein Unterwerk errichtet, um den erhöhten Strombedarf der S-Züge zu decken; dieses wurde von der Künstlerin Jacqueline Poncelet mit farbenfrohen Mustern gestaltet.

*over the intermediate landing and stairs leading to the platforms and wooden overbridge, all dating from 1926. However, glazing in the platform canopies has since been replaced by solid panels.*

*Next to the station is an electrical substation built to meet the increased power requirements of S stock trains, decorated by artist Jacqueline Poncelet with colourful patterns.*

Hammersmith

# Hammersmith & City Line

Die Hammersmith & City Line wurde bis 1990 auf U-Bahn-Netzplänen als Teil der Metropolitan Line dargestellt, erst dann erhielt sie ihre eigene Kennfarbe Rosa. Seit Durchbindung der Circle Line nach Hammersmith im Jahr 2009 fährt die Hammersmith & City Line bis auf die Nordkurve am Gleisdreieck Aldgate stets gemischt mit anderen Linien (Circle, District oder Metropolitan Line).

Die *Hammersmith & City Railway* wurde 1864 eröffnet, ab 1867 gehörte sie anteilig zur *Metropolitan Railway* und zur *Great Western Railway* (GWR). Sie zweigte bei der Station Westbourne Park von der *Great Western* ab und verlief meist auf einem gemauerten Viadukt am Rande des damals bebauten Gebiets nach Hammersmith. Sie hatte anfangs sowohl GWR-Breitspur- als auch Normalspurgleise, bis die GWR 1869 auf Standardspurweite umgebaut wurde. 1871 bekam die *Hammersmith & City Railway* zwischen Westbourne Park und Paddington (Bishop's Road) eigene Gleise auf der Nordseite der GWR-Hauptstrecke, wobei der Tunnel unter der Hauptstrecke erst 1878 vollendet wurde.

Die Strecke wurde gemeinsam von der *Metropolitan* und der *Great Western* mit durchgehenden Zügen von

*The Hammersmith & City service was shown on Underground maps as part of the Metropolitan Line until 1990 when it gained its own pink line identity. Since the extension of Circle Line services to Hammersmith in 2009, the whole of the Hammersmith & City Line has shared tracks with other lines (Circle, District, Metropolitan), apart from the north curve of the triangular junction at Aldgate.*

*The 'Hammersmith & City Railway' opened in 1864 and passed into the joint ownership of the Metropolitan and Great Western Railways in 1867. It branched from the Great Western Railway near Westbourne Park station, running for most of its length on brick-arch viaduct around the edge of the then built-up area to Hammersmith. It was equipped with both GWR broad-gauge and standard-gauge tracks until the GWR switched to standard gauge in 1869. In 1871 separate tracks were provided for Hammersmith & City trains on the north side of the GWR main line between Westbourne Park and Paddington (Bishop's Road) and a fly-under was built beneath the main line in 1878.*

Shepherd's Bush Market

der City nach Hammersmith, über Verbindungsgleise aber auch nach Kensington Addison Road (heute Kensington (Olympia)) sowie nach Richmond betrieben. Einige „Middle Circle"-Züge fuhren bis 1900 von Addison Road weiter über die *District Railway* bis Mansion House. Der Betrieb nach Richmond endete 1910 und zur Addison Road 1940, seither ist Hammersmith im Westen das einzige Fahrtziel.

Östlich der City wurden ab 1884 einige von Hammersmith kommende Züge über die *East London Railway* (ELR) nach New Cross durchgebunden, diese wurden jedoch nach der Elektrifizierung des Hammersmith-Astes im Jahr 1906 nach Whitechapel verkürzt. Als 1914 auch die ELR elektrifiziert war, kehrten die Züge aus Hammersmith bis 1939 dorthin zurück. Ab 1936 wurden einige Hammersmith & City-Züge nach Barking verlängert, um die District Line zu entlasten, ab 1941 fuhren alle Züge bis Whitechapel und nur in den Spitzenzeiten weiter bis Barking. Ab 1996 wurden mehr und mehr H&C-Züge auch außerhalb der HVZ von Whitechapel nach Barking verlängert und seit 2011 fährt die Hammersmith & City Line immer bis Barking.

Die Hammersmith & City Line benötigt 15 Züge, die von den Aufstellgleisen in Hammersmith und Barking einrücken. Die Züge verkehren stets alle 10 Minuten zwischen Hammersmith und Barking.

*The line was operated jointly by the Metropolitan and Great Western companies with through services from the City to Hammersmith and to Kensington Addison Road, now Kensington (Olympia), and Richmond via connecting lines. Some 'Middle Circle' trains continued beyond Addison Road to Mansion House via the District Railway, but these ceased in 1900, followed by the Richmond service in 1910 and the Addison Road service in 1940, leaving Hammersmith as the only western destination.*
*To the east of the City, some Hammersmith services were extended to New Cross via the East London Railway (ELR) from 1884 but these were diverted to terminate at Whitechapel upon electrification of the Hammersmith & City in 1906. Through running to the ELR resumed in 1914 following its electrification and continued until 1939. In 1936 some Hammersmith & City trains were extended to Barking to relieve congestion on the District Line and from 1941 onwards all ran to Whitechapel with peak extensions to Barking. Off-peak services beyond Whitechapel were gradually strengthened between 1996 and 2011 and all trains are now scheduled to run to Barking.*
*The Hammersmith & City service needs 15 trains for service, most of which start/finish duty at Hammersmith or Barking sidings. Trains operate between Hammersmith and Barking every 10 minutes.*

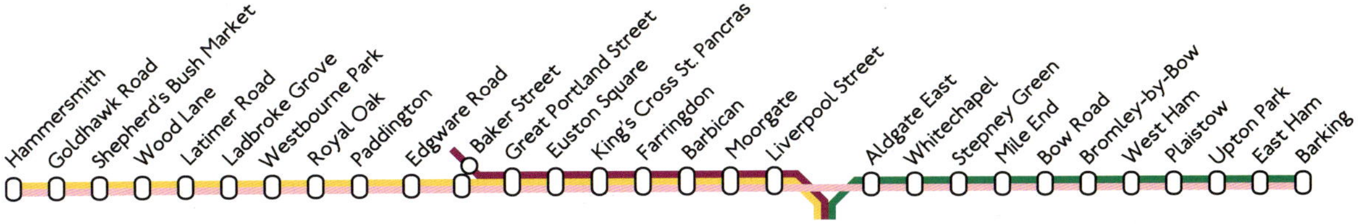

# PADDINGTON

Hammersmith & City Line | Circle Line

U-Bahn-Bahnsteig (links), Vorortbahn – bis November 2022 Elizabeth Line (rechts)
*Underground platform (left) & suburban platform, until Nov 2022 used by the Elizabeth Line (right)*

Die westliche Endstation der *Metropolitan Railway* wurde nördlich des GWR-Bahnhofs Paddington errichtet; Gleisverbindungen ermöglichten eine Durchbindung der GWR- und Hammersmith & City-Züge. 1932-33 wurde die Station in den Fernbahnhof eingegliedert (Vorortgleise 13-16), ab 1967 dienten die Gleise 15-16 alleinig den Zügen von/nach Hammersmith. Nach Schließung des Westeingangs 1969 blieb nur der Zugang über den Fernbahnhof. 2012 wurde jedoch über dem Mittelbahnsteig und dem Gleis Richtung Osten eine neue Schalterhalle eröffnet, mit einem Eingang von einem Platz am Kanal und einem überdachten Gehweg zum Fernbahnhof. Die moderne Verglasung dieses Bauwerks sowie das begrünte Dach stehen im Kontrast zu den traditionellen Überdachungen der anderen Bahnsteige. Die H&C-Bahnsteig reicht am westlichen Ende bis unter die Brücke der Bishop's Bridge Road, während das östliche Ende bereits im *Cut-and-Cover*-Tunnel liegt.

*The Metropolitan Railway's western terminus was built to the north of the GWR's Paddington station with track connections for through-running GWR and Hammersmith & City services. In 1932-33 the station was incorporated into the mainline station as suburban platforms 13-16 and in 1967 H&C services gained segregated tracks and sole use of platforms 15-16. Following the closure of the station's western entrance in 1969, the only access was via the mainline station until a new ticket hall opened in 2012. This is built above the island platform and eastbound track, with entrances on to a new canal-side plaza and covered walkway leading to the mainline station. Its full height patterned glazing and green roof contrast with the traditional canopies on the adjacent suburban platforms. The H&C platform extends beneath Bishop's Bridge Road overbridge at its western end and into cut-and-cover tunnel at its easternmost end.*

# PADDINGTON

Hammersmith & City Line — Circle Line

10-01-1863 – Metropolitan Railway

Bakerloo Line
Elizabeth Line

National Rail
Heathrow Express

Zone 1

Zugang vom Fernbahnhof über Rampe und Festtreppe
*Ramp and staircase access from mainline station*

# ROYAL OAK

Hammersmith & City Line | Circle Line

Circle Line ▸ Hammersmith & Elizabeth Line auf | *on* Great Western Main Line

Die ursprüngliche Station Royal Oak zwischen Westbourne Park und Paddington lag südlich der Great Western Main Line, wo für die Hammersmith & City-Züge eigene Gleise zur Verfügung standen. 1878 wurden die H&C-Züge über eine Unterführung an die Nordseite der Hauptstrecke verschwenkt, wo ein neuer Bahnhof für H&C- und GWR-Vorortzüge errichtet worden war. Dieser Bahnhof bekam um 1904 einen Mittelbahnsteig und das Eingangsgebäude wurde umgebaut; die Fachwerkträger der Lord Hill's Bridge schränken den Blick auf den Eingang stark ein. Als Nachfolger von GWR verzichtete *British Railways* (BR) 1967, als die H&C-Gleise vom BR-Netz getrennt wurden, auf den Halt am Bahnhof Royal Oak; 1970 ging auch der Bahnhof von BR in den Besitz von *London Underground* über.

*Royal Oak opened as an intermediate station between Westbourne Park and Paddington on tracks provided solely for Hammersmith & City trains on the south side of the Great Western Main Line. In 1878, H&C trains were re-routed through an underpass to the north side of the Main Line where a new station was built for H&C and GWR suburban services. The station was rebuilt again around 1904 with an island platform and modified street building fronting Lord Hill's Bridge, the substantial girders of which obscure much of the station frontage. GWR's successor, British Railways (BR), ceased serving Royal Oak when H&C and BR tracks were segregated in 1967 and the station passed from BR to London Underground ownership in 1970.*

30-10-1871
Great Western Railway
Zone 2

# WESTBOURNE PARK

1871, als eigene Gleise für Hammersmith & City-Züge neben der Great Western Main Line verlegt wurden, wurde der ursprüngliche hölzerne Bahnhof durch einen neuen Bahnhof etwas weiter östlich ersetzt. Dieser hatte auch Bahnsteige auf der Great Western Main Line, wo bis 1992 Vorortzüge der GWR bzw. BR hielten, danach wurden diese Bahnsteige abgerissen. Das Eingangsgebäude hat eine ca. 60 m lange Front entlang der hier über die Bahntrasse führenden Great Western Road. Die höheren Gebäudeteile an jedem Ende werden jetzt gewerblich genutzt, der Zugang zur Schalterhalle erfolgt über den niedrigeren Mittelteil. Die gekrümmten Bahnsteige haben attraktive Vordächer mit verzierten Stützsäulen, die in Braun und Creme, den Farben der GWR, lackiert sind.

*In 1871, the original wooden station was replaced by a new station slightly to the east in connection with the provision of dedicated Hammersmith & City tracks alongside the Great Western Main Line. The new station also had platforms on the Great Western Main Line and was served by GWR/BR suburban services until 1992, after which the Main Line platforms were demolished. The station building has a long frontage (around 60 m) extending along the Great Western Road overbridge. The former entrance blocks with curved high-level parapets at each end of the building are now commercial premises and access to the ticket hall is via the lower central section. The curved platforms have attractive valanced canopies with decorative support columns painted in GWR-style brown and cream.*

01-02-1866
Hammersmith & City Railway
Zone 2

# LADBROKE GROVE

Hammersmith & City Line | Circle Line

Blick vom westlichen Bahnsteigende | *View from western end of station*

Der Zusatz „for Portobello Road“ auf den Bahnsteigen verweist auf den nahe gelegenen berühmten Portobello Road Market. Die ursprüngliche hölzerne Station wurde 1900-02 durch die heutigen Backsteinbauten, die denen in Hammersmith ähneln, ersetzt. Die teilverglasten Bahnsteigüberdachungen kragen von den Seitenwänden aus und kommen somit ohne Stützsäulen aus. Der gemauerte Zugang mit Vordach stammt aus den späten 1980er Jahren. Pläne zum Einbau von Aufzügen für einen barrierefreien Zugang wurden 2009 aufgrund finanzieller Engpässe zurückgestellt. Ein ungenutzter Eingang befindet sich auf der Nordseite der Eisenbahnbrücke.

*This is the closest station to the famous Portobello Road Market, hence the suffix 'for Portobello Road' on the platform roundels. The original wooden station was rebuilt in 1900-02 with red brick and stone platform buildings similar to those at Hammersmith. The platforms have part-glazed platform canopies cantilevered from the side walls, avoiding the need for support columns. The brick ticket hall and cantilevered entrance canopy date from the late 1980s. Plans to provide lifts for step-free access were shelved in 2009 due to financial constraints. A disused entrance remains on the north side of the railway bridge.*

13-06-1864 - Hammersmith & City Railway — Zone 2

# LATIMER ROAD

Hammersmith & City Line | Circle Line

Dieser Bahnhof hat seinen ursprünglichen Namen beibehalten, obwohl die Latimer Road etwa 500 m nördlich durch den Bau der Stadtautobahn Westway abgeschnitten wurde.

Die Seitenbahnsteige (2010-11 umgebaut) kragen über das ursprüngliche Eisenbahnviadukt hinaus und werden von gemauerten Stützsäulen getragen, im Bereich der Brücke über die Bramley Road von einem Metallgittergerüst. Die Bahnsteige sind teilweise überdacht, die Wände vertäfelt. Leuchten und andere Elemente sind im GWR-Stil braun und creme gestrichen. Die Schalterhalle mit Rundbogeneingang an der Bramley Road wurde in den 1990er Jahren umgebaut. Ein Eingang an der Nordseite der Eisenbahnbrücke ist jetzt geschlossen.

*This station has retained its original name even though Latimer Road is now truncated some 500 m to the north due to construction of the Westway urban motorway.*

*The station has side platforms (rebuilt in 2010-11) extending out from the original railway viaduct on brick support columns with a latticed metal framework either side of the bridge over Bramley Road. Platforms have part-length canopies with wooden side panelling and decorative valances. Décor is GWR-style brown and cream. The ticket hall in an arch fronting Bramley Road was modified in the 1990s. A former entrance from the north side of the railway bridge is now closed.*

16-12-1868 – H&CR Joint Committee (MR & GWR) — Zone 2

Hammersmith & City Line ▸ Hammersmith

# WOOD LANE

Hammersmith & City Line | Circle Line

Wood Lane ist die neueste Station auf dem „Subsurface"-Netz. Sie wurde von den Investoren des angrenzenden Einkaufszentrums Westfield finanziert und von Ian Ritchie Architects entworfen. Sie liegt in der Nähe des Busbahnhofs White City und des Bahnhofs White City der Central Line (200 m zu Fuß entlang der Wood Lane). Die auf voller Länge überdachten Bahnsteige werden von Stahlrahmen getragen, die zu beiden Seiten des bestehenden Eisenbahnviadukts errichtet wurden. Das Eingangsgebäude prägt eine 25 m hohe Edelstahl-Glas-Fassade. Im Innenbereich fallen goldfarbene Aluminium-Deckenpaneele und Granitböden auf. Der Zugang zum Bahnsteig Richtung Westen erfolgt durch einen der Eisenbahnbögen, wo ein altes „UndergrounD"-Rondell an die ehemalige Station Wood Lane der *Central London Railway* (1908-47) erinnert.

*This is the most recent station to open on the subsurface network. It was funded by the developers of the adjacent Westfield shopping centre and designed by Ian Ritchie Architects. It is situated close to White City bus station and White City station on the Central Line (a 200 m walk along Wood Lane). The fully canopied platforms are built on steel frames erected on either side of the existing railway viaduct. The ticket hall is clad in stainless steel with a 25 m high glass screen façade. Internal finishes include gold anodised aluminium ceiling panels and granite flooring. Access to the westbound platform is through one of the railway arches where an old 'UndergrounD' roundel from the former Central London Railway Wood Lane station (1908-47) is displayed.*

12-10-2008 – Transport for London | Central Line (White City - 200 m) | Zone 2

Circle Line ▶ Hammersmith

# SHEPHERD'S BUSH MARKET

Hammersmith & City Line | Circle Line

Im Jahr 1914 wurde dieser Bahnhof 250 m nach Norden an eine günstigere Stelle direkt an der Uxbridge Road verlegt; gleichzeitig entstand auf der ehemaligen Bahnhofszufahrt auf der Ostseite des Eisenbahnviadukts ein Straßenmarkt, nach dem der Bahnhof heute benannt ist (er hieß bis 2008 nur Shepherd's Bush). Die Bahnsteige und Zugangstreppen wurden als Stahlrahmenkonstruktion seitlich an das Bahnviadukt angebaut, die Schalterhalle befindet sich in einem der Eisenbahnbögen mit Eingängen beiderseits der Brücke über die Uxbridge Road. Die Bahnsteige sind nur teilweise überdacht, an Stützen und Seitenwänden dominieren die GWR-Farben Braun und Creme.

*In 1914, the station was moved 250 m northwards to a more convenient location fronting the Uxbridge Road. At the same time, a street market, after which the station is now named (it was called Shepherd's Bush until 2008), was opened on the former station access road on the eastern side of the railway viaduct. The platforms and access stairs are constructed along each side of the existing viaduct, supported by steel frames, and the ticket hall occupies one of the railway arches with entrances either side of the bridge over Uxbridge Road. The platforms are part covered by canopies on steel supports, decorated in brown and cream GWR colours.*

13-06-1864 - Hammersmith & City Railway

Zone 2

# GOLDHAWK ROAD

Hammersmith & City Line | Circle Line

Westeingang | *Western entrance*

Die Station Goldhawk Road wurde gleichzeitig mit der Verlegung des Bahnhofs Shepherd's Bush Market eröffnet und weist eine ähnliche Konzeption auf, d.h. die Bahnsteige stehen neben dem Bahnviadukt auf Stahlstützen. Die Schalterhalle an der Station Goldhawk Road nimmt jedoch zwei statt einen Bogen ein. Die eingehausten hölzernen Treppenaufgänge zu den Bahnsteigen sind gut erhalten und wie die Bahnsteigaufbauten im GWR-Stil in Braun und Creme gestrichen. Die Station liegt am südlichen Ende des Shepherd's Bush Street Market.

*Goldhawk Road station was opened concurrently with the re-siting of Shepherd's Bush Market station and is of a similar design with platforms alongside the viaduct on steel supports. However, the ticket hall at Goldhawk Road occupies two arches rather than one. The staircases to the platforms have well-preserved wooden and glazed enclosures which are decorated in GWR-style brown and cream, as are the platform structures. The station is situated at the southern end of Shepherd's Bush street market.*

01-04-1914
H&CR Joint Committee (MR & GWR)

Zone 2

Osteingang | *Eastern entrance*

# HAMMERSMITH

Hammersmith & City Line | Circle Line

Die Endstation in Hammersmith wurde 1868 an ihren heutigen Standort verlegt. Die Holzgebäude wurden 1907-09 durch ein rotes Backsteingebäude ersetzt, das vom GWR-Architekten P.E. Culverhouse entworfen worden war. Die Fassade prägt bis heute eine Uhr über dem mittleren Giebel, das Vordach, das sich einst über die volle Breite erstreckte, ist hingegen verschwunden. Culverhouse verkürzte die Gleise, um eine großzügige Halle mit Glasdach zu schaffen, und 1912 kam in der Halle ein freistehender halbkreisförmiger Fahrkartenschalter hinzu. Dieser wurde 2012 entfernt, da die Gleise für die längeren S-Züge wieder verlängert werden mussten, doch eine halbkreisförmige Wand am Ende der Prellböcke erinnert daran (siehe Foto S. 58). Auf den Bahnsteigen findet man Sitzbänke im Stil der GWR und verglaste Überdachungen, wobei jene am Seitenbahnsteig ohne Stützen auskommt.

*Hammersmith terminus was moved to its current site in 1868, its wooden buildings surviving until replaced in 1907-09 by the current red brick building designed by GWR architect P.E. Culverhouse. The façade has a distinctive clock above the central gable but has lost its full width canopy. Internally, Culverhouse shortened the tracks to provide a large concourse covered by a glazed roof and in 1912 a free-standing semi-circular ticket office was built on the concourse. This was removed in 2012 when the tracks were re-extended southwards to accommodate longer S stock trains but a semi-circular wall around the end of the buffer stops reflects the former layout (see photo on page 58). The platforms feature replica GWR benches and have glazed canopies, that on the single platform being cantilevered from the side wall without columns.*

13-06-1864
Hammersmith & City Railway

Piccadilly Line | District Line (150 m)

Zone 2

Amersham

# Metropolitan Line

Im Jahr 1868 eröffnete die *Metropolitan & St. John's Wood Railway* (MSJWR) eine eingleisige Stichstrecke, hauptsächlich im Tunnel, von Baker Street bis Swiss Cottage. Diese wurde zwischen 1879 und 1880 zweigleisig im Tunnel bis zur Finchley Road und von dort oberirdisch bis Harrow-on-the-Hill verlängert. Bis 1882 wurde der ursprüngliche Abschnitt zweigleisig ausgebaut, bevor die *Metropolitan Railway* 1883 die M&SJWR übernahm. Die Strecke führte ab 1885 weiter bis Pinner und erreichte 1889 Chesham (ab Chalfont & Latimer eingleisig) sowie 1892 Aylesbury (61 km von Baker Street entfernt).

Im Jahr 1904 wurde ein 11 km langer Ast von Harrow nach Uxbridge eröffnet, auf dem erst nach und nach mit steigender Besiedlung mehrere Stationen hinzukamen. Die Uxbridge-Linie wurde 1905 auf elektrischen Antrieb umgestellt, Ziele nordwestlich von Harrow wurden hingegen weiterhin mit von Loks gezogenen Abteilwagen erreicht, wobei die elektrischen Lokomotiven in Harrow gegen Dampfloks ausgetauscht wurden. Während das Gebiet der *Metropolitan Railway* zum Zeitpunkt des Baus der Bahn noch dünn besiedelt war, wurde es ab 1915 als „Metro-Land" bekannt, da die Bahngesellschaft selbst zahlreiche Wohnsiedlungen errichtete.

Infolge steigender Fahrgastzahlen wurde der Abschnitt Finchley Road – Wembley Park 1913/15 viergleisig ausgebaut, eine Erweiterung des Tunnelabschnitts Richtung Baker Street schien jedoch finanziell nicht machbar. In den 1920er Jahren wurde der elektrische Betrieb von Harrow bis Rickmansworth ausgeweitet und ein 3 km langer Ast bis an den westlichen Rand von Watford eröffnet. 1931 bekam auch der Abschnitt Wembley Park – Harrow ein zweites Gleispaar, bevor 1932 noch der Ast von Wembley Park nach Stanmore hinzugefügt wurde.

*In 1868 the Metropolitan & St John's Wood Railway (M&SJWR) opened a single-track spur mainly in tunnel from Baker Street to Swiss Cottage. Between 1879 and 1880 a double-track extension was built in tunnel to Finchley Road and thence on the surface to Harrow-on-the-Hill. By 1882 the single-track section had been doubled and the Metropolitan Railway took over the M&SJWR in 1883. The line was extended to Pinner in 1885 and had reached Chesham, via a single-track branch, in 1889 and Aylesbury (61 km from Baker Street) in 1892. In 1904 an 11 km branch was opened from Harrow to Uxbridge with several stations being added later as the population grew in the area. In 1905 Uxbridge services were converted to EMU operation but services to destinations northwest of Harrow continued to be served by loco-hauled trains with compartment carriages, the electric locomotives being exchanged for steam at Harrow. Whilst the territory served by the Metropolitan Railway was sparsely populated at the time of construction, it became known as Metro-Land from 1915, with many housing estates being developed by the railway company.*

*As service frequencies increased, the Finchley Road – Wembley Park section was quadrupled in 1913/15, although widening the tunnel section to Baker Street was not considered financially viable. During the 1920s electric operation was extended from Harrow to Rickmansworth and a 3 km branch opened to Watford. In 1931, another pair of tracks was added to the Wembley Park – Harrow section and in 1932 another branch opened from Wembley Park to Stanmore.*

*The problem of the double-track approach to Baker Street was addressed in 1939 by transferring the*

Willesden Green (Jubilee Line & Metropolitan Line)

Das zweigleisige Nadelöhr im Tunnel nördlich von Baker Street wurde 1939 entlastet, indem der Stanmore-Ast und die „langsamen" Gleise zwischen Wembley Park und Finchley Road an die Bakerloo Line (heute Jubilee Line) angeschlossen wurden.

Erst 1960 erreichte die Elektrifizierung Amersham sowie Chesham und ab 1962 war auch der Abschnitt von Harrow bis zur Watford South Junction viergleisig. Gleichzeitig endete der Betrieb mit Lokomotiven und die Metropolitan Line fuhr fortan nur noch bis Amersham; die nicht elektrifizierte Strecke von Amersham nach Aylesbury wurde an *British Railways* abgegeben. Dort verkehren heute Dieseltriebwagen der *Chiltern Railways* auf der Linie Marylebone – Aylesbury, welche zwischen der Harrow South Junction und Amersham die Gleise der Metropolitan Line mitbenutzen.

Außerhalb der Hauptverkehrszeiten halten alle Züge überall, zwischen Harrow und Baker Street verkehren 16 Züge pro Stunde, 12 davon weiter bis Aldgate. Zu Spitzenzeiten steigt die Zahl zwischen Harrow und Baker Street auf 22 Züge pro Stunde, wobei die Hälfte überall hält, während „Semi-Fast"-Züge Preston Road oder Northwick Park auslassen und „Fast"-Züge auch zwischen Harrow und Moor Park ohne Halt verkehren. Harrow-on-the-Hill und alle Stationen von Rickmansworth bis Amersham werden zweimal pro Stunde auch von *Chiltern Railways* bedient.

In schwachen Zeiten sind für den Betrieb 35 S8-Züge vorgesehen, in den Spitzenzeiten 48. Die meisten Züge sind im Depot in Neasden beheimatet, einige in Rickmansworth, Watford und Uxbridge.

*Stanmore branch and the slow tracks between Wembley Park and Finchley Road to the Bakerloo Line (now the Jubilee Line).*

*It was not until 1960 that electrification was extended to Amersham and Chesham and 1962 when 4-tracking was completed between Harrow-on the Hill and Watford South Junction. At this point, loco haulage ceased, and the Metropolitan Line was curtailed at Amersham, the unelectrified tracks from Amersham to Aylesbury being transferred to British Railways. Today, the section north of Amersham is served by Chiltern Railways' Marylebone – Aylesbury DMU service which shares Metropolitan Line tracks between Harrow South Junction and Amersham.*

*During off-peak periods, all trains serve all stations giving a combined frequency of 16tph between Harrow and Baker Street of which 12tph run through to Aldgate. During the peaks, the frequency between Harrow and Baker Street increases to 22tph with half the service running 'All Stations' supplemented by 'Semi-Fast' trains which do not stop at Preston Road or Northwick Park and 'Fast' trains which additionally do not stop at stations between Harrow-on-the-Hill and Moor Park. Harrow-on-the-Hill and all stations from Rickmansworth to Amersham are also served twice an hour by Chiltern Railways' Marylebone – Aylesbury service.*

*35 S8 stock trains are scheduled for the off-peak service rising to 48 in the peaks. Most trains operate from Neasden depot with some stabled at Rickmansworth, Watford and Uxbridge.*

# BAKER STREET

Metropolitan Line

Die Metropolitan Line zweigt von der Circle/Hammersmith & City Line unmittelbar östlich des ursprünglichen U-Bahnhofs Baker Street von 1863 ab (siehe Seite 18). Der Bahnhof an der Zweigstrecke hieß ursprünglich Baker Street East, lag im Einschnitt mit Seitenbahnsteigen und war auf voller Länge überdacht. Er wurde nach und nach erweitert und ist heute viergleisig mit zwei Mittelbahnsteigen (zwei innere Gleise für durchgehende Züge nach Aldgate und zwei äußere Stumpfgleise für endende Züge). Ab 1911 machte die *Metropolitan Railway* Baker Street zu ihrem Firmensitz und Vorzeigebahnhof. C.W. Clark entwarf eine große unterirdische Schalterhalle mit Kassettendecke und verkachelten Säulen. Die Bahnsteige der Metropolitan Line wurden umgestaltet, die Stützen der Überdachung wurden ebenfalls mit Kacheln umhüllt. Über dem neuen Bahnhofsgebäude mit seinen klassischen Rundbögen und einer leicht erhöh-

*The Metropolitan Line branches off the Circle and Hammersmith & City Lines at a junction immediately to the east of the original 1863 Baker Street station (see page 18). The branch line originally had its own station, known as Baker Street East, with two side platforms in a cutting with an overall roof. This was gradually integrated with the main station and expanded to today's arrangement of two island platforms and four tracks (two inner tracks for through trains to Aldgate and two outer tracks for terminating trains). In 1911 the Metropolitan Railway commenced rebuilding Baker Street as its company headquarters and flagship station. The works by C.W. Clark included a large subsurface ticket hall with*

13-04-1868 - Metropolitan & St. John's Wood Railway

Circle Line | H & C Line
Bakerloo Line | Jubilee Line

Zone I

Grade II

# BAKER STREET

Metropolitan Line

Westliches Stumpfgleis | *Western bay platform*

ten Auffahrt sollte ein Bahnhofshotel entstehen, doch dann kam der 1. Weltkrieg dazwischen und die Hotelidee wurde zugunsten eines imposanten neunstöckigen Wohngebäudes (Chiltern Court) fallen gelassen; dieses wurde ebenfalls von C.W. Clark entworfen und 1929 vollendet (siehe Foto S. 18). Die vielen historischen Merkmale des Bahnhofs wurden in den 1980er Jahren restauriert.

*coffered ceiling and faience-clad pillars; the Metropolitan Line platforms were also remodelled with canopies supported by similar faience pillars. The new surface entrance, with classical arched bays facing a raised approach road, was designed to incorporate a station hotel but WW1 intervened, and the hotel proposal was dropped in favour of an imposing nine-storey block of mansion flats, named Chiltern Court, designed by C.W. Clark and completed in 1929 (see photo on page 18). The station's many heritage features were restored in the 1980s.*

# FINCHLEY ROAD

Metropolitan Line

Umsteigen am selben Bahnsteig | *Cross-platform interchange (Metropolitan & Jubilee Lines)*

Am Bahnhof Finchley Road kann man am selben Bahnsteig zwischen Metropolitan Line und Jubilee Line umsteigen. Der ursprüngliche Bahnhof wurde um 1914 umgebaut und bekam einen Mittelbahnsteig und ein von Frank Sherrin entworfenes Eingangsgebäude aus Stein. Im Jahr 1939, als die Bakerloo Line (heute Jubilee Line) erweitert wurde, entstand ein zweiter Mittelbahnsteig; bis auf das westliche Ende sind die Bahnsteige durch ein Flachdach geschützt, das abschnittsweise durch Glasschrägdächer unterbrochen ist. Das Eingangsgebäude von Sherrin bekam einen neuen mit Portland-Stein umrahmten Zugang an der Ecke Finchley Road/Canfield Gardens. Im Innenbereich sind die cremefarbenen Wand- und Bodenfliesen aus den 1930er Jahren erhalten.

*Finchley Road is an important cross-platform interchange where many passengers transfer between the Metropolitan and Jubilee Lines. The original station was rebuilt around 1914 with an island platform and a stone entrance building by Frank Sherrin. It was remodelled again for the introduction of Bakerloo Line (now Jubilee Line) services in 1939, gaining a second island platform and an overall glass and panelled roof covering most of the length of the platforms. A new entrance with a Portland stone surround was inserted into the existing Sherrin building at the corner of Finchley Road and Canfield Gardens leading to a 1930s style ticket hall with cream wall and floor tiles.*

30-06-1879 – Metropolitan & St. John's Wood Railway — Jubilee Line — Zone 2

# WEMBLEY PARK

Metropolitan Line

Renoviertes Eingangsgebäude von 1923 | *Modernised 1923 entrance*

Der Bahnhof Wembley Park diente anfangs einem Vergnügungspark, den die *Metropolitan Railway* eröffnet hatte, um Ausflugsverkehr zu generieren. Für die „British Empire Exhibition" und die Eröffnung des Wembley-Stadions auf dem Gelände des Vergnügungsparks wurde der Bahnhof 1923 umgebaut. Für die Olympischen Spiele 1948 kamen eine zweite Schalterhalle und neue Bahnsteigaufbauten hinzu und zur Eröffnung des neuen Wembley-Stadions 2006 erfolgte ein erneuter Umbau: eine größere Schalterhalle, neue Bahnsteige, zusätzliche Fußgängerbrücken, verbreiterte Treppen zum Olympic Way sowie Aufzüge für einen barrierefreien Zugang. Das Eingangsgebäude an der Bridge Street von 1923 ist hingegen weitgehend erhalten. Die Bahnhofsanlage erstreckt sich über acht Gleise – zwei Gleise der Jubilee Line, flankiert von jeweils zwei Gleisen der Metropolitan Line (langsam/schnell) sowie zwei Gleise, jedoch ohne Bahnsteig, der Chiltern Line von Network Rail.

*Wembley Park station was built to serve an amusement park opened by the Metropolitan Railway to generate excursion traffic. It was reconstructed for the opening in 1923 of the British Empire Exhibition and Wembley Stadium on the site of the former amusement park. An additional ticket hall and new platform buildings were opened for the 1948 Olympic Games and the station was comprehensively modernised again for the opening of the new Wembley Stadium in 2006 with a larger ticket hall, new platforms, additional footbridges, widened stairs to Olympic Way and lifts for step-free access. The 1923 street frontage remains as part of the modernised station. The station building spans eight tracks - two Jubilee Line tracks flanked by two Metropolitan Line tracks (slow/fast) on each side together with Network Rail's double-track Chiltern Line alongside the Metropolitan northbound tracks (there are no Chiltern Line platforms).*

12-05-1894 – Metropolitan Railway | Jubilee Line | Zone 4

Treppen zum Stadion | *Stairs to Wembley Stadium*

Umsteigen am selben Bahnsteig | *Cross-platform interchange (Metropolitan & Jubilee Lines)*

# PRESTON ROAD

Metropolitan Line

Dieser Bahnhof entstand als Haltepunkt für das Schützenturnier der Olympischen Spiele 1908 und wurde in den 1930er Jahren im Zusammenhang mit der Straßenverbreiterung auf die gegenüberliegende Seite der Preston Road verschoben. Der Eingang befindet sich in einer typischen Ladenzeile im Clark-Stil mit Schrägdach und Dachgauben, die sich über die vier Gleise der Metropolitan Line und die zwei Gleise der Chiltern Line erstreckt. Der Mittelbahnsteig zwischen den „langsamen" Gleisen ist teilweise überdacht und verfügt über holzverkleidete Aufbauten. Die äußeren, „schnellen" Gleise haben hingegen keine Bahnsteige.

*Opened as a halt to serve the 1908 Olympic Games shooting tournament, the station was rebuilt on the opposite side of Preston Road in connection with road widening in the 1930s. The entrance is situated within a typical C.W. Clark-style parade of shops with a pitched roof and dormer windows which spans the four-track Metropolitan Line formation and the adjoining double-track Chiltern Line. The island platform with a partial canopy and timber-clad buildings only serves the slow tracks. There are no platforms on the fast tracks which lie either side of the slow tracks.*

21-05-1908 – Metropolitan Railway — Zone 4

Metropolitan Line ▸ Uxbridge

# NORTHWICK PARK

Metropolitan Line

Südeingang | *Southern entrance*

Der einfache Haltepunkt Northwick Park wurde Anfang der 1930er Jahre umgebaut, als die Strecke viergleisig ausgebaut wurde. Neben dem bescheidenen Zugang aus Backstein an der Nordseite, der ein Wohngebiet erschließt, erreicht man den Bahnsteig auch von der Südseite (Campus der University of Westminster, Northwick Park Hospital) über eine Unterführung. Die Zugangssperren befinden sich unter den Gleisen. Die Backstein- und Holzaufbauten auf dem Mittelbahnsteig aus den 1930er Jahren sind erhalten. Die „schnellen" Gleise liegen außen, die der Chiltern Line von Network Rail an der Südseite.

*Opened as a halt, the platform was rebuilt when the line was quadrupled in the early 1930s. A small red brick entrance building serves the residential area to the north and a secondary entrance serves the University of Westminster and Northwick Park Hospital campuses to the south, linked by a ground level pedestrian subway beneath the railway embankment. The ticket office is situated beneath the tracks with access from the subway. The 1930s brick and timber platform buildings remain on the island platform which only serves the slow tracks. The fast tracks run either side of the slow tracks and Network Rail's Chiltern Line runs alongside the northbound fast track.*

Nordeingang | *Northern entrance*

28-06-1923
Metropolitan Railway

Zone 4

# HARROW-ON-THE-HILL

Metropolitan Line

Alle Züge der Metropolitan Line halten in Harrow-on-the-Hill, ebenso die meisten Züge der Linie Marylebone – Aylesbury der *Chiltern Railways*, wobei viele Fahrgäste hier umsteigen. Bis die Strecke 1885 nach Pinner verlängert wurde, war Harrow Endstation. Nach Eröffnung des Uxbridge-Astes im Jahr 1904 wurde der Bahnhof 1908 viergleisig ausgebaut, 1938/39 dann sechsgleisig mit drei Mittelbahnsteigen; seither prägen die abgerundeten Warteräume diese Station. Über den Gleisen wurde eine Schalterhalle errichtet, die von beiden Seiten über Treppen zugänglich ist. In den 1980er Jahren wurde das nördliche Eingangsgebäude abgerissen und der Zugang in ein unscheinbares Bürogebäude integriert. Seit 2022 sind die

*All Metropolitan Line services stop at Harrow-on-the-Hill as do most Chiltern Railways' Marylebone – Aylesbury services, with many passengers transferring between services here. It was originally a terminus until the line was extended to Pinner in 1885 and became a four-track station in 1908 (following the opening of the Uxbridge branch in 1904). The station was completely rebuilt as part of the New Works Programme in 1938/39 with six tracks and three island platforms with distinctive curved-end waiting rooms. A new ticket hall was built above the tracks with access via staircases from entrance buildings either side of the tracks. In the 1980s the northern entrance was demolished and replaced by an*

02-08-1880
Metropolitan Railway

National Rail
(Chiltern Railways)

Zone 5

Chiltern Railways DMU ▸ Marylebone

Nordeingang | *Northern entrance*

Südeingang | *Southern entrance*

Bahnsteige über Aufzüge auch barrierefrei zugänglich. Ein Stellwerk, das 1948 über dem Bahnhof eröffnet wurde, ist noch im Einsatz, soll jedoch 2023 außer Betrieb genommen werden.

*undistinguished entrance beneath an office block. Lifts providing step free access were introduced in 2022. A signal cabin, which opened above the station in 1948, remains in use but is due to be decommissioned in 2023.*

Originaler Unterstand | *Original shelter (1915)*

North Harrow wurde als einfacher Haltepunkt eröffnet und um 1930/31 umgebaut: Unter den Gleisen entstand eine neue ebenerdige Schalterhalle, deren Eingänge beiderseits der Eisenbahnbrücke über die Station Road von Ladenzeilen mit cremefarbener Terrakottafliesenverkleidung flankiert waren. Der Nordeingang samt Ladenzeile ist weitgehend erhalten geblieben, der heute geschlossene Südeingang wurde Anfang der 1960er Jahre, als eine zweite Eisenbahnbrücke im Zuge des viergleisigen Ausbaus der Strecke errichtet wurde, wenig ansprechend umgebaut. Auf Bahnsteigebene sind Holzaufbauten und Dächer aus den 1930er Jahren zusammen mit einem originalen Unterstand aus dem Jahr 1915 erhalten. Die Züge halten hier nur auf den „langsamen“ Gleisen.

*North Harrow opened as a basic halt and was rebuilt around 1930/31 with a new ground level ticket hall beneath the tracks with entrances flanked by symmetrical shopping parades, all faced with cream terracotta tiling, either side of the bridge carrying the railway over Station Road. The northern entrance and shopping parade remain as built but those on the southern side were replaced by inferior designs when a second railway bridge was constructed in conjunction with quadrupling the line in the early 1960s. The southern entrance is now out of use. At platform level the 1930s wooden buildings and canopies remain together with an original shelter dating from 1915. The station only serves the slow tracks, which run on the northern side.*

22-03-1915 - Metropolitan and Great Central Railways

Zone 5

# PINNER

Metropolitan Line

Metropolitan Line ▸ Baker Street

Pinner war kurzzeitig Endstation der *Metropolitan Railway*, bis die Strecke 1887 nach Rickmansworth verlängert wurde. Das ursprüngliche einstöckige Eingangsgebäude aus gelbem Backstein und die Bahnsteigüberdachungen (ähnlich wie Rickmansworth, Chorleywood und Chalfont & Latimer) sind auf dem stadteinwärtigen Bahnsteig erhalten, der stadtauswärtige wurde hingegen im Zuge des viergleisigen Ausbaus 1960/61 verändert. Die „schnellen" Gleise haben keine Bahnsteige. Eine schmale Unterführung wurde 2005 durch eine Fußgängerbrücke ersetzt, die 2008 mit Aufzügen ausgestattet wurde. Ein zweiter Eingang erlaubt den Zugang zum Bahnsteig in Richtung Nordwesten für Fahrgäste, die bereits einen Fahrschein haben.

*Pinner was the temporary terminus of the Metropolitan Railway until the line was extended to Rickmansworth in 1887. The original single-storey yellow brick station building and platform canopies (similar in style to those at Rickmansworth, Chorleywood and Chalfont & Latimer) remain on the southbound side but those on the northbound side were replaced when the line was quadrupled in 1960/61. There are no platforms on the fast tracks. A narrow subway beneath the tracks was replaced by a footbridge in 2005 which was equipped with lifts in 2008. A secondary entrance provides access to the northbound platform for ticket holders.*

25-05-1885 - Metropolitan Railway   > S   > N   Zone 5

# NORTHWOOD HILLS

Metropolitan Line

Diese Station wurde durch örtliche Investoren mitfinanziert, um in der Zwischenkriegszeit den Wohnungsbau zwischen Pinner und Northwood voranzutreiben. Der Stationsname, unter dem die Umgebung heute bekannt ist, war das Ergebnis eines Wettbewerbs. Das Eingangsgebäude, das über den „langsamen“ Gleisen steht, wurde von C.W. Clark im „Domestic“-Stil entworfen: mit Backsteinfassade, Satteldach und trapezförmigem Vordach. Auf Bahnsteigebene trennt eine Backsteinmauer den stadtauswärtigen Bahnsteig von den 1962 in Betrieb genommenen Expressgleisen.

*This station was part-funded by local property developers to facilitate interwar house building on previously open land between Pinner and Northwood. The station name, by which the surrounding area is now known, was chosen by means of a competition. The street building, located over the local tracks, is in C.W. Clark's 'domestic' style with a brick façade, pitched roof and a trapezium shaped canopy above the entrance. At platform level, a brick wall on the northbound side separates the station from the fast tracks which came into operation in 1962.*

13-11-1933 - Metropolitan and Great Central Railways

Zone 6

Expresszug Richtung Norden
*Northbound fast service*

# NORTHWOOD

Metropolitan Line

Chiltern Railways DMU ▶ Marylebone (auf den Express-Gleisen | on fast tracks)

Die ursprüngliche Station der *Metropolitan Railway* ähnelte der noch existierenden in Pinner. Sie wurde jedoch abgerissen, um Platz für neue „langsame" Gleise zu machen, als die Strecke Anfang der 1960er Jahre viergleisig ausgebaut wurde. Die heutige Station hat eine kleine Schalterhalle aus Backstein mit Fensterbändern unter der Decke. Treppen führen hinunter zu Seitenbahnsteigen, wo Ziegelwände und einfache Überdachungen zu sehen sind. An den Expressgleisen gibt es keine Bahnsteige.

*The original Metropolitan Railway station resembled that still in existence at Pinner but was demolished to make way for new slow tracks when the line was quadrupled in the early 1960s. The current station has a small brick ticket hall with clerestory windows which straddles the slow tracks. Staircases lead down to side platforms with brick walls and simple canopies. There are no platforms on the fast tracks.*

01-09-1887
Metropolitan Railway

Zone 6

Zug stadteinwärts auf den "langsamen" Gleisen
*Southbound service on slow tracks*

# MOOR PARK

Metropolitan Line

Zug Richtung Norden auf den "langsamen" Gleisen | *Northbound service on slow tracks*

Diese Station wurde als „Sandy Lodge" am gleichnamigen Golfplatz eröffnet. In den 1920er und 30er Jahren entstand südlich und westlich des Bahnhofs eine weitläufige, vornehme Siedlung. Die ursprüngliche Station aus Holz wurde im Zuge des viergleisigen Ausbaus der Strecke umgebaut (1959-61). Das Eingangsgebäude ist ein markanter Flachdachbau mit einem Pultdach über der Schalterhalle, die Fassade ist mit grünem Mosaik und Holztafeln verkleidet. Von einer ebenerdigen Unterführung unter den Gleisen erreicht man die Treppen hinauf zu den beiden Mittelbahnsteigen sowie einen Hinterausgang an der Ostseite. Am westlichen Mittelbahnsteig halten nur die Express-Züge der Metropolitan Line (nur in den Hauptverkehrszeiten); die Züge der Chiltern Railways durchfahren den Bahnhof auf den Expressgleisen ohne Halt.

*This station opened as Sandy Lodge Halt to serve the golf course of the same name. In the 1920s and 30s the area to the south and west of the station was developed as an extensive upscale estate of large houses. The original timber station was rebuilt (1959-61) in connection with quadrupling the line. The entrance building is a distinctive Modernist style flat-roofed block faced with green mosaic and wooden panelling with a raised pitched roof over the ticket hall. A ground-level subway beneath the tracks gives access to stairs up to two island platforms and a secondary exit on the eastern side. The western island platform is used by Metropolitan Line fast services (peaks only); slow and semi-fast services use the slow tracks and the eastern platform. Chiltern Railways' trains pass through the station non-stop on the fast tracks.*

09-05-1910 – Metropolitan Railway

Zone 6 & 7

Die einzige Zwischenstation auf dem Ast nach Watford wurde gemeinsam von der *Metropolitan Railway* und der *London & North Eastern Railway* (LNER) eröffnet; LNER-Züge fuhren hier jedoch nur bis 1926. Das zweistöckige Backsteingebäude ist typisch für den späteren „Suburban Style" von C.W. Clark, der die Architektur des zeitgenössischen Wohnbaus widerspiegelt. Das Vordach aus Glas, das auf gusseisernen Säulen ruht, und das blaue Stationsnamensschild lassen jedoch keinen Zweifel, dass es sich um einen Bahnhofseingang handelt. Die Bahnsteige liegen in einem flachen Einschnitt und sind mit 18 dekorativen Lampenstehlen aus der Anfangszeit gesäumt, einige davon wurden in den 1980er Jahren vom Bahnhof Watford hierher versetzt.

*The only intermediate station on the Watford branch was opened jointly by the Metropolitan Railway and the London & North Eastern Railway (LNER), though LNER trains stopped serving the line as early as 1926. The two-storey brick and tile-hung station building is typical of C.W. Clark's later suburban style which reflects the architecture of contemporary housing. However, the glazed entrance canopy supported on cast iron columns marks it out as a station. The platforms, in a shallow cutting, are lined with 18 decorative lamp columns dating from the opening of the branch, some relocated from Watford station in the 1980s.*

02-11-1925 – Metropolitan Railway/LNER

Zone 7

# WATFORD

Metropolitan Line

Der gemeinsame MR/LNER-Ast nach Watford sollte bis ins Stadtzentrum von Watford führen, aber Einwände der lokalen Stadtregierung führten dazu, dass dieser 1,5 km westlich in einem Wohnviertel endet. Im Jahr 2013 wurde deshalb der Bau einer 5,5 km langen Spange zwischen Croxley und Watford Junction über Watford High Street beschlossen, wofür die stillgelegte Trasse des ehemaligen Croxley Green-Astes von *British Rail* genutzt werden sollte. Dies hätte zur Schließung des Bahnhofs Watford geführt (außer zum Abstellen von Zügen), aber das Projekt wurde 2016 aus Kostengründen verworfen. Der Bahnhof steht nun als das besterhaltene Beispiel des „Suburban Domestic Style" von C.W. Clark unter Denkmalschutz. Die Züge der Metropolitan Line enden stumpf an einem Mittelbahnsteig, beiderseits liegt noch ein Abstellgleis. Der Bahnsteig ist auf halber Länge überdacht; unter dem Glasdach befindet sich ein Warteraum, der innen mit Holz vertäfelt ist.

*The joint MR/LNER Watford branch was planned to extend to Watford town centre but objections from the local council led to it terminating 1.5 km away in a residential district. In 2013 powers were granted to remedy this deficiency through the construction of a 5.5 km extension to Watford High Street and Watford Junction, making use of the disused trackbed of the former British Rail Croxley Green branch. This proposal would have led to the closure of the current Watford station (except for train stabling) but the project was abandoned in 2016 due to funding difficulties. The station is listed Grade II as the most complete surviving example of C.W. Clark's suburban domestic style with its 'homely vernacular design and features such as original tiling'. The trains depart from an island platform, flanked by a stabling siding on either side. The platform has a glazed canopy over half its length and a brick waiting room with wooden panelled interior.*

02-11-1925 – Metropolitan Railway/LNER — Zone 7 — Grade II

# RICKMANSWORTH

Metropolitan Line

Rickmansworth war von 1887 bis 1889 Endstation der *Metropolitan Railway*. Das typische einstöckige Eingangsgebäude aus gelbem Backstein ist durch ein dekoratives Vordach aus Eisen geprägt. Die gekrümmten Bahnsteige bekamen in den 1980er Jahren neue Dächer, gleichzeitig wurde die Unterführung erweitert. Von 1925 bis 1961 wurden in Rickmansworth die Elektrolokomotiven durch Dampfloks für die Weiterfahrt nach Amersham und darüber hinaus ausgetauscht; ein ursprünglicher Wasserturm ist noch auf dem Bahnsteig Richtung Süden zu sehen. Ein Stumpfgleis, das 1925 für Pendelzüge nach Watford in Betrieb genommen wurde, wird nicht mehr genutzt, das Gleis ist abgetrennt. In Rickmansworth halten Züge der Metropolitan Line und der *Chiltern Railways*. Einige Metropolitan-Fahrten beginnen/enden hier, weshalb sowohl nördlich als auch südlich des Bahnhofs eine Reihe von Abstellgleisen zur Verfügung stehen.

*Rickmansworth was the temporary terminus of the Metropolitan Railway from 1887 until 1889. The typical single-storey yellow brick station building is distinguished by a decorative metal framed canopy above the entrance. The curved platforms were reconstructed in the 1980s with new canopies and an enlarged subway beneath the tracks. From 1925 until 1961, Rickmansworth was a changeover point where electric locos were replaced by steam locos for onward travel to Amersham and beyond; an original water tower remains on the southbound platform. A bay platform, opened in 1925 for Rickmansworth – Watford shuttle trains, is now out of use with the track disconnected. The station is served by Metropolitan Line and Chiltern Railways services; some Metropolitan trains start/end duty in a series of stabling sidings to the north and south of the station.*

01-09-1887 – Metropolitan Railway

> S > N

Zone 7

Wasserturm | *Water tower*

Metropolitan Line ▸ Chesham

# CHORLEYWOOD

Metropolitan Line

An diesem Bahnhof im Landhausstil sind das einstöckige Bahnhofsgebäude aus gelbem Backstein aus der viktorianischen Zeit sowie die ursprünglichen Bahnsteigüberdachungen mit dekorativen Stützen, die heute in den Farben der *Metropolitan Railway* gestrichen sind, erhalten. Die kleine, in den 1980er Jahren restaurierte Schalterhalle ist bahnsteigseitig offen und im Innenbereich mit Holz verkleidet. Den stadtauswärtigen Bahnsteig erreicht man über eine Unterführung mit Rampen und einen Nebeneingang vom Parkplatz. Auf diesem Bahnsteig steht ein 2016 restauriertes Stellwerk aus Holz. Chorleywood ist Halt für die Züge der Metropolitan Line und der *Chiltern Railways*.

*This country-style station retains its Victorian-era single-storey yellow brick station building and original platform canopies with decorative supports repainted in Metropolitan Railway colours. The ticket office, restored in the 1980s, is open on the platform side and features timber panelling internally. The northbound platform is accessible via a ramped subway and via a secondary entrance from the station car park. A timber signal box, restored in 2016, remains on that platform. The station is served by the Metropolitan Line and Chiltern Railways.*

08-07-1889
Metropolitan Railway

> S   > N   Zone 7

# CHALFONT & LATIMER

Metropolitan Line

Wie die meisten viktorianischen Bahnhöfe der *Metropolitan Railway* im ländlichen Bereich hat Chalfont & Latimer ein einstöckiges Bahnhofsgebäude aus Backstein neben dem Bahnsteig Richtung London (Richtung Süden) sowie Bahnsteigüberdachungen mit dekorativen Stützen. Allerdings wurden hier die ursprünglichen Überdachungen aus Giebelvordächern mit Flachdächern auf schlichten Stützpfeilern verlängert. Der Aufgang von der Unterführung zum Bahnsteig Richtung London ist mit Holz eingehaust. Der stadtauswärtige Bahnsteig ist über einen Nebeneingang ebenfalls barrierefrei zugänglich. An der Nordseite sieht man ein stillgelegtes Stumpfgleis, von dem vor Inbetriebnahme der S-Züge (8 Wagen) kurze 4-Wagen-Züge nach Chesham pendelten. An diesem Bahnhof halten die Züge der Metropolitan Line und der *Chiltern Railways*.

*As with most of the Metropolitan Railway's Victorian country stations, Chalfont & Latimer has a single-storey brick station building adjacent to the London (southbound) platform and platform canopies with decorative supports. However, in this case the original gabled canopies have been extended with flat roofs and plain support columns. The platforms are linked by a subway with a timber enclosure over the stairs on the southbound platform; a secondary ticket holder entrance provides level access to the northbound platform. There is a short bay road next to the southbound platform, formerly used by 4-car trains on the Chesham shuttle but disused since the introduction of longer 8-car S stock trains. The station is served by Metropolitan Line and Chiltern Railways services.*

08-07-1889 – Metropolitan Railway

**National Rail** (Chiltern Railways)

> S · > N · Zone 8

Chiltern Railways DMU ▸ Aylesbury

# AMERSHAM

Metropolitan Line

Chiltern Railways DMU ▶ Marylebone

1960 wurde die Elektrifizierung von Rickmansworth bis Amersham ausgedehnt und ab 1961 fuhr die Metropolitan Line nicht mehr bis Aylesbury, alle Fahrten über Amersham hinaus wurden fortan von *British Railways* (heute *Chiltern Railways*) übernommen. Im Bahnhof Amersham gibt es ein Gleis Richtung Süden mit Seitenbahnsteig und zwei Richtung Norden mit Mittelbahnsteig. Die Metropolitan-Züge kehren in der Regel auf Abstellgleisen hinter dem Bahnhof.

Das Backsteingebäude, die vergitterte Fußgängerbrücke zwischen den Bahnsteigen und die attraktiven verglasten Bahnsteigüberdachungen mit dekorativen MR-Stützwinkeln stammen alle aus dem Jahr 1892. Eine zweite Brücke, die alle drei Gleise überquert, ist ein Ersatz aus dem Jahr 1989. Der Bahnhof wurde 2021 barrierefrei durch

*In 1960 electrification was extended north from Rickmansworth to Amersham and in 1961 the Metropolitan Line was cut back from Aylesbury, with all services beyond Amersham provided by British Railways (now Chiltern Railways). Amersham has a single southbound track and platform and two northbound tracks either side of an island platform; terminating Metropolitan trains usually reverse in turnback sidings beyond the station.*

*The brick station building, latticed footbridge between the platforms and attractive glazed platform canopies with decorative MR support brackets all date from 1892. A second bridge, crossing all three tracks (outside the paid area) is a replacement dating from 1989. The station became step-free in 2021 with the*

01-09-1892 - Metropolitan Railway
National Rail (Chiltern Railways)

> S  > N  Zone 9

# AMERSHAM

Metropolitan Line

Abfahrt Richtung London | *Departing southbound service*

Einbau von Aufzügen mitsamt einer weiteren Fußgängerbrücke im westlichen Bereich ausgebaut (siehe Foto S. 70). 300 m nördlich des Bahnhofs entlang der Hill Avenue befindet sich ein halbgroßes Modell der Dampflokomotive „Metropolitan Nr. 1“ von 1898 mit zwei Waggons.

*opening of lifts connected by a third footbridge at the western end of the station (see photo on page 70). 300 m north of the station along Hill Avenue is a half-size model of Metropolitan No 1 steam locomotive of 1898 and two carriages.*

Kehranlage | *Turnback sidings*

# CHESHAM

Metropolitan Line

Chesham ist die Endstation und einziger Bahnhof des 6,26 km langen eingleisigen Astes von Chalfont & Latimer durch das ländliche Chess Valley. Der Bahnhof ist heute eingleisig, nachdem andere Gleise, die unter anderem zu einem Güterbahnhof führten, entfernt worden sind. Aus der Anfangszeit ist ein Wasserturm sowie ein originales Stellwerk erhalten geblieben. Das kleine Bahnhofsgebäude aus Backstein hat ein Vordach, das direkt in das Satteldach übergeht. Der Bahnhof ist als „das am vollständigsten erhaltene Beispiel eines ländlichen *Metropolitan Railway*-Bahnhofs aus dem späten 19. Jahrhundert“ denkmalgeschützt, wobei das Empfangsgebäude, das Stellwerk und der Wasserturm „eine ungewöhnlich kohärente und intakte Gruppe“ bilden. Bis 2010 wurde der Chesham-Ast meist von einem Pendelzug von/nach Chalfont & Latimer befahren, lediglich zu Spitzenzeiten fuhren einzelne Züge weiter bis ins Londoner Zentrum. Heute sind alle Züge im Halbstundentakt nach London durchgebunden.

*This is the terminus and only station on the 6.26 km single-track Chesham branch which runs along the rural Chess Valley from Chalfont & Latimer. The station is single track, other tracks serving a bay platform and former goods yard having been lifted. A steam-era water tower remains as does an original signal box. The small brick station building has a projecting entrance canopy integrated with its pitched roof. The station is listed as 'the most complete surviving example of a late 19th century rural Metropolitan Railway station' with the station building, signal box and water tower forming 'an unusually coherent and intact group'. Until 2010 the Chesham branch was mainly served by a shuttle to Chalfont & Latimer with only a limited peak service to/from central London. Now all trains run through to/from London (every 30 minutes).*

08-07-1889
Metropolitan Railway

Zone 9

# WEST HARROW

Metropolitan Line

Metropolitan Line ▶ Uxbridge

Der Bahnhof West Harrow war lange ein einfacher Haltepunkt mit hölzernen Bahnsteigaufbauten, doch Probleme mit der Festigkeit des Bahndamms führten schließlich 1991 zu einem vollständigen Neubau. Nördlich der Eisenbahnbrücke über The Gardens/Vaughan Road wurde ein neues Eingangsgebäude aus Backstein errichtet, von dem eine nicht überdachte Treppe hinauf zum Bahnsteig Richtung Osten, d.h. Richtung Innenstadt, führt. Der Zugang zum Bahnsteig Richtung Westen erfolgt direkt von der Straße über einen kurzen Fußweg und eine überdachte Treppe ohne Sperrenanlage. Auf Bahnsteigebene sind die Aufbauten mit weißen Emailplatten verkleidet.

*West Harrow station was originally a basic halt with timber platform buildings, but problems with embankment slippage eventually led to complete reconstruction in 1991. A new brick ticket office was provided to the north of the bridge carrying the railway over The Gardens/Vaughan Road with uncovered stairs up to the eastbound platform. Access to the westbound platform is via a separate path direct from the street with covered stairs and no ticket barriers. At platform level the canopy structures are clad with white enamel panels.*

| | | |
|---|---|---|
| 17-11-1913<br>Metropolitan Railway | [icons] | Zone<br>5 |

Bahnsteig Richtung Osten | *Eastbound platform*

# RAYNERS LANE

Metropolitan Line | Piccadilly Line

Rayners Lane war anfangs ein Haltepunkt mit hölzernem Fahrkartenschalter und kurzen Bahnsteigen in unbebautem Gebiet westlich der Verzweigung des Uxbridge-Astes der *Metropolitan Railway* und deren Strecke nach South Harrow (heute Piccadilly Line). Ab 1910 hielten hier auch Züge der *District Railway*, die dann 1933 von der Piccadilly Line abgelöst wurden. Der heutige Bahnhof im Holden-Stil, entworfen von Reginald Uren, entstand zusammen mit der raschen Bebauung der Gegend in der Zwischenkriegszeit. Die hohe quadratische Schalterhalle aus Backstein und Beton über den Gleisen ist weithin sichtbar. Auf Straßenebene prägen gerundete Ladeneinheiten mit an Masten montierten „UndergrounD“-Rondellen das Bild, auf Bahnsteigebene findet man Warteräume mit ähnlich abgerundeten Enden sowie Betonzäune und Lampen im Stil der Zeit. Westlich des Bahnhofs liegt mittig ein Abstellgleis für die hier endenden Züge der Piccadilly Line.

*Rayners Lane opened as a halt with a wooden ticket office and short platforms in open countryside just west of the junction between the Metropolitan's Uxbridge branch and its line to South Harrow (today's Piccadilly Line). District Railway trains served the station from 1910 until replaced by the Piccadilly Line in 1933. The current Holden-style station, designed by Reginald Uren, was built in response to the rapid suburbanisation of the area during the interwar period. The tall square brick and concrete ticket hall occupies a prominent position above the tracks at the brow of a hill making it a significant feature of the street scene. Distinctive elements include curved shop units with pole mounted 'UndergrounD' roundels above and, at platform level, enclosed waiting rooms with curved ends and period-style concrete fencing and lamp columns. There is a turnback siding to the west of the station for terminating Piccadilly Line trains.*

26-05-1906 – Metropolitan Railway | Piccadilly Line | Zone 5 | Grade II

Kehranlage | *Turnback siding* (Piccadilly Line)

# EASTCOTE

Metropolitan Line | Piccadilly Line

Der Bahnhof Eastcote wurde als ländlicher Haltepunkt mit kurzen Bahnsteigen eröffnet, die 1914 und 1927 verlängert wurden. Der Bahnhof bekam 1939 eine hohe Schalterhalle aus Backstein im Holden-Kasten-Stil mit einer Betondecke und großen Fenstern nach vorne und nach hinten. Beiderseits des Eingangs befinden sich zwei vorspringende, gerundete Ladeneinheiten mit an Stangen montierten „UndergrounD"-Rondellen darüber. Auf den Bahnsteigen findet man Warteräume mit gerundeten Enden unter Betondächern, außerdem sind originale Betontafeln zu sehen, mit dem U-Bahn-Rondell zwischen Werbetafeln und integrierten Lampen, auch wenn diese angesichts der zusätzlichen Masten der Kamera-Überwachung heute weniger hervorstechen. Der Bahnhof ist als vollständiges Beispiel für Holdens spätere Vorortbahnhöfe denkmalgeschützt. Die Bahnsteige an allen von der Metropolitan und Piccadilly Line gemeinsam genutzten Bahnhöfen haben eine Kompromisshöhe, so dass beim Einsteigen ein Schritt nach oben (Metropolitan Line) bzw. nach unten (Piccadilly Line) erforderlich ist.

*Eastcote station opened as a rural halt with short platforms which were extended in 1914 and 1927. It was rebuilt in 1939 with a Holden box-style double-height ticket hall constructed from brick with a concrete lid and full-height glazing to the front and back. Either side of the entrance are two projecting curved shop units with pole-mounted 'UndergrounD' roundels above. The platforms have enclosed waiting rooms with curved ends beneath concrete canopies and retain the original concrete roundel/advertising panels with integrated lamp columns, somewhat marred by the clutter of additional CCTV/PA system poles. The station is listed as a complete example of Holden's later suburban stations. The platforms at all shared Metropolitan/Piccadilly Line stations on the Uxbridge branch are set at a compromise height requiring a step up into subsurface stock and a step down into tube stock.*

26-05-1906
Metropolitan Railway

Zone 5

Grade II

Metropolitan Line ▶ Aldgate

# RUISLIP MANOR

Metropolitan Line | Piccadilly Line

Die ursprüngliche Haltestelle wurde Ende der 1930er Jahre infolge des Fahrgastzuwachses umgebaut. Das rote Backsteingebäude von Charles Holden von 1938 liegt hier unter den Gleisen mit Eingängen beiderseits der Eisenbahnbrücke über die Victoria Road. Daran schließen jeweils eingeschossige Ladeneinheiten an. Die lichtdurchflutete Schalterhalle ist cremefarben verfliest, man entdeckt eine einzigartige Uhr sowie eingebrannte Wegweiser. Die langen, mit Ziegeln verkleideten Treppen hinauf zu den Bahnsteigen bieten auf halber Höhe Holzbänke für eine Zwischenpause. Die Bahnsteigaufbauten aus den 1930er Jahren sind am westlichen Ende erhalten, die ursprünglichen Holzunterstände von 1912 am östlichen Ende wurden hingegen 2005/06 durch funktionale Metalldächer ersetzt.

*The original halt was mostly rebuilt in the late 1930s to handle a large increase in passengers from local housing developments. The 1938 red brick station building by Charles Holden is situated beneath the tracks with symmetrical entrances either side of the bridge carrying the railway over Victoria Road. It is flanked by single-storey shop units. The booking hall receives light from clerestory windows and features cream tiling with a unique clock and individually lettered signs fired into the tiles. The long brick-faced staircases leading to the elevated platforms have wooden benches to give some respite at the half landings. The 1930s platform buildings remain at the western end but the original 1912 wooden shelters at the eastern end were replaced with functional metal clad structures in 2005/06.*

05-08-1912
Metropolitan Railway

Zone 6

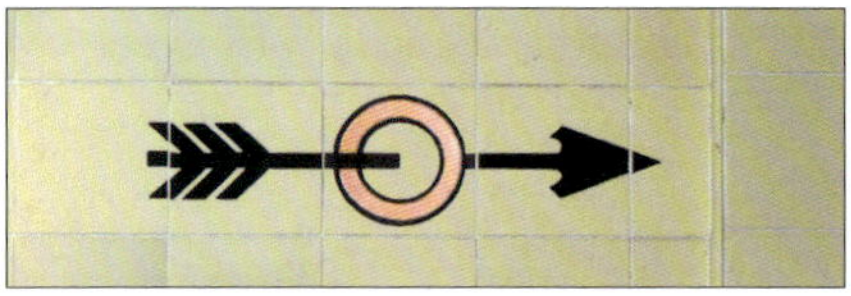

# RUISLIP

Metropolitan Line | Piccadilly Line

Ruislip ist als einzige weitgehend unveränderte Station auf dem Uxbridge-Ast denkmalgeschützt. Das Bahnhofsgebäude ist aufgrund seines vorspringenden Giebels über dem Eingang mit seinem Muster in Beige/Orange ein imposanteres Beispiel als frühere ländliche Metropolitan-Stationen wie Chorleywood oder Amersham. Die hohe Schalterhalle reicht bis unter das Schrägdach. Auf dem Bahnsteig Richtung Osten ist die Überdachung mit gusseisernen Säulen erhalten, während die Aufbauten auf dem Bahnsteig Richtung Westen aus dem Jahr 1928 stammen. Eine schmiedeeiserne Brücke aus dem Jahr 1904 mit einem in den 1920er Jahren hinzugefügten Dach verbindet die beiden Bahnsteige. Am Ende des stadtauswärtigen Bahnsteigs steht ein originales, jedoch stillgelegtes Stellwerk.

*The only remaining original station on the Uxbridge branch is listed Grade II owing to its largely unaltered condition. It is a more imposing design than earlier Metropolitan country stations such as Chorleywood and Amersham due to its projecting gable over the entrance and decorative buff and orange patterned brickwork. The ticket hall is full height beneath the pitched roof and the eastbound platform retains its canopy on cast iron columns; the structures on the westbound platform date from 1928. A wrought iron lattice footbridge dating from 1904, with a roof added in the 1920s, links the two platforms. A disused original signal box remains at the end of the westbound platform.*

04-07-1904
Metropolitan Railway

> E   > W   Zone 6   Grade II

Metropolitan Line ▸ Uxbridge

# ICKENHAM

Metropolitan Line | Piccadilly Line

Metropolitan Line ▸ Uxbridge

Dieser Bahnhof wurde als einfacher Haltepunkt für das damalige Dorf Ickenham eröffnet. Die kurzen Bahnsteige wurden 1922 für den Einsatz langer Züge verlängert. Der Bahnhof erhielt 1971 über den Gleisen ein funktionales einstöckiges Backsteingebäude mit Oberlichtern. Zusammen mit einer neuen Fußgängerbrücke wurden 2021 Aufzüge eingebaut, so dass der Bahnhof heute barrierefrei zugänglich ist.

*This station was opened as a halt to serve the then rural village of Ickenham. Its short platforms were extended to cater for full-length trains in 1922. The station was rebuilt in 1971 with a functional single-storey brick building with clerestory windows situated above the tracks. The station gained step-free access in 2021 with the opening of lifts linked by a new footbridge.*

25-09-1905 – Metropolitan Railway

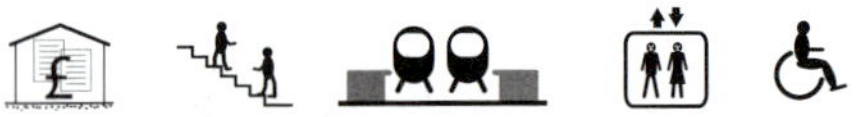
Zone 6

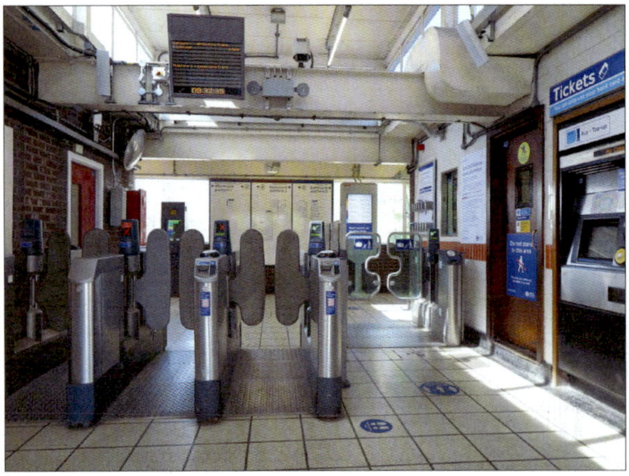

# HILLINGDON

Metropolitan Line | Piccadilly Line

Hillingdon war die letzte Station, die auf dem Uxbridge-Ast eröffnet wurde. Pläne für einen Umbau Ende der 1930er Jahre wurden aufgrund des Zweiten Weltkriegs aufgegeben, so dass der ursprüngliche Bahnhof überlebte, bis er 1992 im Zusammenhang mit der Neutrassierung der Autobahn A40 verschoben wurde. Während einst fachwerkartige Bauten das Bild prägten, sieht man heute eine auffallend moderne weiße Stahlrahmen-Glas-Konstruktion etwas weiter südlich gelegen als die ursprüngliche Haltestelle. Die aufgeständerte Schalterhalle über den Gleisen ist von der Straße über eine Fußgängerbrücke und vom ebenerdig liegenden Parkplatz mit Aufzügen erreichbar. Die verglasten Schrägdächer über der Fußgängerbrücke, der Schalterhalle und den Bahnsteigen erinnern an die imposanten Bahnhofsdächer aus viktorianischer Zeit. Die Station wurde 1934 Hillingdon (Swakeleys) genannt – der Beiname wird heute offiziell nicht mehr genutzt, ist aber auf den Bahnsteigrondellen noch zu lesen.

*Hillingdon was the last station to open on the Uxbridge branch. Plans for its reconstruction in the late 1930s were abandoned due to WW2 and the original station survived until it was relocated and rebuilt in 1992 in connection with the re-routing of the A40 trunk road. The mainly timber mock Tudor ticket office and platforms were replaced by a strikingly modern white steel-framed design with extensive glazing situated to the south of the original station. Its high-level ticket hall above the tracks is reached by a footbridge from the street and by lifts from the car park below. The glazed pitched roofs above the footbridge, ticket hall and platforms are reminiscent of Victorian era train sheds. The station was named Hillingdon (Swakeleys) in 1934 and although the suffix is no longer part of the official station name it is still shown on the platform roundels.*

10-12-1923 – Metropolitan Railway

Zone 6

Metropolitan Line ▸ Uxbridge

# UXBRIDGE

Metropolitan Line | Piccadilly Line

Der heutige Endbahnhof in Uxbridge stammt erst aus dem Jahr 1938; er liegt näher am Zentrum des Stadtteils als der ursprüngliche. Der von Charles Holden und L.H. Bucknell entworfene Haupteingang befindet sich in der Mitte einer zweistöckigen halbrunden Ladenzeile. Den Eingang säumen kannelierte Säulen und auf dem Gebäude tronen zwei Flügelräder. Im Innenbereich ähnelt die Gestaltung dem ebenfalls von Holden entworfenen Endbahnhof Cockfosters am anderen Ende der Piccadilly Line. Ein beeindruckendes Betondach mit seitlichen Fenstern erstreckt sich von der Schalterhalle über die Bahnsteige und das mittlere Gleis. Zu den erwähnenswerten Gestaltungselementen

*The current Uxbridge terminus dates from 1938 when it was relocated to a more convenient site within the town centre. Designed by Charles Holden and L.H. Bucknell, the main station entrance is at the centre of a two-storey crescent-shaped shopping parade faced in brick with fluted columns at the entrance and winged wheel sculptures above. Internally, the layout and design are similar to Holden's Cockfosters at the other end of the Piccadilly Line. The ticket hall and platforms are enclosed by an impressive concrete roof comprising a double-height central section with clerestory windows flanked by two single-storey aisles over the outer tracks. Distinctive*

04-07-1904 – Metropolitan Railway

Zone 6 | Grade II

gehören auch drei bunte Glasfenster über der Schalterhalle, die lokale Wappen darstellen, eine Anzeigetafel für den nächsten Zug mit einer großen Uhr sowie Reihen von Kugelbeleuchtungskörpern, die von der Decke hängen. Die Piccadilly Line fährt normalerweise drei Mal pro Stunde von Uxbridge ab, die Metropolitan Line hingegen acht Mal; alle drei Gleise im Bahnhof Uxbridge werden von beiden Linien genutzt.

*features include three colourful stained-glass windows in the ticket hall depicting local coats of arms and a next train indicator board with a large clock together with rows of globe lighting units suspended from the roof. The Piccadilly Line typically operates a 3tph service to Uxbridge compared to the Metropolitan Line's 8tph - all three tracks at Uxbridge are shared by both Piccadilly and Metropolitan Line trains.*

West Ham – District Line & c2c

# District Line

Die *District Railway* wurde gegründet, um den südlichen Teil des „Inner Circle“ zwischen South Kensington und der City zu errichten. Dieses Bahnunternehmen baute jedoch auch Strecken in die Vorstädte: 1869 bis West Brompton, 1872 bis Kensington Addison Road (heute Olympia) und 1874 nach Hammersmith. 1877 wurde der letztere Ast auf den Gleisen der *London & South Western Railway* (LSWR) bis Richmond verlängert und zwei Jahre später eröffnete die *District Railway* einen Abzweig von der LSWR-Strecke bei Turnham Green bis Ealing Broadway.

1880 wurde der Ast nach West Brompton bis Putney Bridge verlängert, woraufhin der durchgehende Betrieb ab Mansion House und High Street Kensington begann. Die Ver-

*The District Railway was founded to complete the southern side of the 'Inner Circle' but also opened suburban extensions reaching West Brompton in 1869, Kensington Addison Road (now Olympia) in 1872 and Hammersmith in 1874. In 1877 the Hammersmith service was extended over the London & South Western Railway (LSWR) line to Richmond and two years later the District Railway opened a branch from the LSWR line near Turnham Green to Ealing Broadway.*

*In 1880 the branch to West Brompton was extended to Putney Bridge and through services commenced from Mansion House and High Street Kensington. The extension across the River Thames from Putney Bridge to Wimbledon was built by the LSWR in 1889 but the District Railway was granted running powers and the line was transferred to London Underground ownership in 1994.*

längerung über die Themse von Putney Bridge bis Wimbledon wurde 1889 zwar von der LSWR eröffnet, den Betrieb führte aber die *District Railway* durch; erst 1994 ging die Strecke ins Eigentum von *London Underground* über.

Weiter westlich kamen 1883 ein Ast von Acton Town nach Hounslow und 1903 einer von Ealing Common nach South Harrow (ab 1910 bis Uxbridge) hinzu. Der LSWR-Abschnitt zwischen Hammersmith und Turnham Green wurde 1911 viergleisig ausgebaut, so dass der *District Railway* nun ein Gleispaar exklusiv zur Verfügung stand. 1932/33 wurde die Piccadilly Line ab Hammersmith erweitert, wobei sie von der *District Railway* die Anbindung nach Uxbridge übernahm und diese auf dem Ast nach Hounslow West verstärkte; die District Line fuhr letztmalig 1964 nach Hounslow. Auf dem viergleisigen Abschnitt zwischen Barons Court und Acton Town fährt die District Line auf den äußeren Gleisen mit Halt an allen Zwischenstationen, während die Piccadilly Line auf den inneren Gleisen nonstop verkehrt (nur früh morgens und spät abends Halt in Turnham Green).

Im Osten wurde der „Inner Circle“ 1884 zusammen mit einem Abzweig vom Gleisdreieck Aldgate bis Whitechapel fertiggestellt. 1902 eröffnete die *Whitechapel & Bow Railway* (WBR), die sich im gemeinsamen Besitz der *District Railway* und der *London, Tilbury & Southend Railway* (LTSR) befand, eine 3 km lange unterirdische Verbindung von Whitechapel bis zur LTSR-Hauptstrecke westlich von Bromley-by-Bow, was die Durchbindung von *District*-Zügen auf den Gleisen der LTSR bis Upminster erlaubte.

In Verbindung mit der Elektrifizierung der *District Railway* baute die LTSR ihre Strecke 1905 von Bromley-by-Bow bis East Ham und 1908 bis Barking viergleisig aus, so dass die *District Railway* hier nun ein eigenes elektrifiziertes Gleispaar bekam. Ab 1905 fuhr die *District Railway* nicht mehr nach Upminster, bis die *London Midland & Scottish Railway*, als Nachfolger der LTSR, im Jahr 1932 ein zusätzliches elektrifiziertes Gleispaar von Barking nach Upminster in Betrieb nahm, um die Becontree-Siedlung des London County Council zu erschließen, womit Upminster wieder Endstation der *District Railway* wurde. Der Ostast der District Line wird zwischen Aldgate East und Barking mit der Hammersmith & City Line gemeinsam befahren.

Ealing Broadway

*Further west, branches were opened from Acton Town to Hounslow in 1883 and South Acton in 1905 (closed 1959) and from Ealing Common to South Harrow in 1903, with services extended to Uxbridge in 1910. The LSWR section between Hammersmith and Turnham Green was quadrupled in 1911, giving the District sole use of one pair of tracks, and in 1932/33 the Piccadilly Line was extended from Hammersmith, replacing District Line services to Uxbridge and supplementing those to Hounslow West (District services to Hounslow eventually ceasing in 1964). On the quadruple-track section between Barons Court and Acton Town, the District Line uses the outer tracks serving intermediate stations and the Piccadilly Line runs non-stop on the inner tracks (except for early and late trains which serve Turnham Green).*

*To the east, the 'Inner Circle' was completed in 1884 together with a spur from a triangular junction at Aldgate to Whitechapel. In 1902 the Whitechapel & Bow Railway (W&BR), jointly owned by the District and the London, Tilbury & Southend Railways (LTSR), opened a 3 km underground link from Whitechapel connecting with the LTSR mainline just west of Bromley-by-Bow, enabling the extension of District trains over the LTSR's surface tracks to Upminster.*

*In conjunction with the electrification of the District Railway, the LTSR quadrupled its line from Bromley-by-Bow to East Ham in 1905 and to Barking in 1908 with one pair of tracks electrified for the use of District trains. District services to Upminster ceased in 1905 but in 1932 the London, Midland & Scottish Railway, the LTSR's successor, opened an additional pair of electrified tracks from Barking to Upminster to serve the London County Council's Becontree housing estate and Upminster became the District terminus again.*

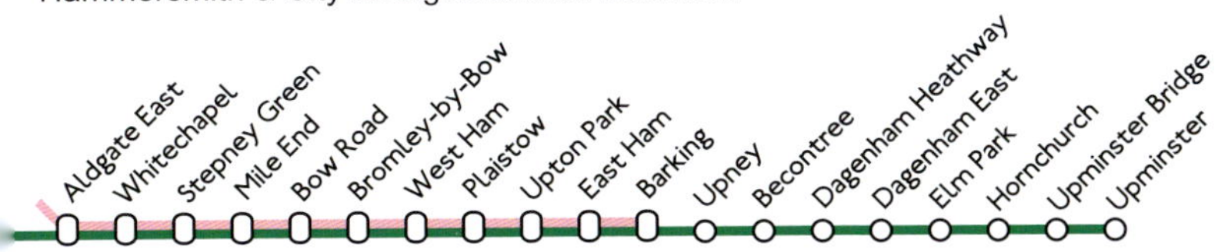


Außerhalb der Spitzenzeiten verkehrt die District Line wie folgt:

- Richmond – Upminster: alle 10 Minuten
- Ealing Broadway – Upminster: alle 10 Minuten
- Wimbledon – Edgware Road: alle 10 Minuten
- Wimbledon – Barking: alle 20 Minuten
- Wimbledon – Tower Hill: alle 20 Minuten
- Kensington (Olympia) – High Street Kensington: alle 20 Minuten (nur an Wochenenden und an manchen Feiertagen; sehr vereinzelt auch wochentags).

In schwachen Zeiten werden auf der District Line 61-63 S7-Züge benötigt, in Spitzenzeiten 74-75. Die meisten Züge beginnen/beenden ihren Einsatz in den Betriebshöfen Ealing Common, Upminster oder Lillie Bridge (bei West Kensington), aber auch in der Aufstellanlage Parsons Green.

*The off-peak District Line service pattern is as follows:*

- *Richmond – Upminster, every 10 minutes*
- *Ealing Broadway – Upminster, every 10 minutes*
- *Wimbledon – Edgware Road, every 10 minutes*
- *Wimbledon – Barking, every 20 minutes*
- *Wimbledon – Tower Hill, every 20 minutes*
- *Kensington (Olympia) – High Street Kensington, every 20 minutes (weekends/some public holidays only). Very limited weekday service.*

*The off-peak service requires 61-63 S7 stock trains increasing to 74-75 in the peaks. Most trains start/finish duty at Ealing Common, Upminster or Lillie Bridge depots or Parsons Green sidings.*

# EARL'S COURT

District Line

Eingang an der Earl's Court Road *entrance*

Alle Züge der District Line halten am viergleisigen Bahnhof Earl's Court. Er wurde 1871 eröffnet, aber bereits 1878 nach einem Brand umgebaut; seither überspannt ihn das beeindruckende, von John Wolfe Barry entworfene Eisen-Glas-Dach. Das Eingangsgebäude an der Earl's Court Road wurde 1906 anlässlich der Eröffnung der GNP&BR (Piccadilly Line) nach einem Entwurf von Harry Ford und Leslie Green mit einer braunen Terrakotta-Fassade und einer hohen Balustrade, ähnlich wie Barons Court, umgebaut. Am östlichen Ende wurden die beiden Mittelbahnsteige in den 1980er Jahren abgedeckelt, um die Schalterhalle zu vergrößern und Aufzüge für die Piccadilly Line einzubauen.

*All District Line services pass through this four-track station. It opened in 1871 but was rebuilt in 1878 following fire damage with an impressive full-width iron and glazed mainline-style train shed designed by John Wolfe Barry. The Earl's Court Road entrance building was reconstructed in 1906 for the opening of the GNP&BR (Piccadilly Line) to a design by Harry Ford and Leslie Green with a brown terracotta façade and high-level balustrade, similar to their design for Barons Court. The eastern ends of the two island platforms were rafted over in the 1980s to provide an enlarged ticket hall and new Piccadilly Line lifts.*

30-10-1871 – District Railway | Piccadilly Line | Zone 1 & 2 | Grade II

Eingang an der Warwick Road *entrance*

Haupteingang an der Earl's Court Road
*Main entrance from Earl's Court Road*

# EARL'S COURT

District Line

Der westliche Eingang an der Warwick Road existiert bereits seit 1887, das runde Backsteingebäude stammt allerdings aus den 1930er Jahren; in den 1960er Jahren wurde darüber eine verglaste Leitstelle errichtet. Auf den Bahnsteigen der District Line sind Holzbänke aus den 1930er Jahren mit integrierten Logos sowie Zugzielanzeigetafeln aus dem frühen 20. Jahrhundert erhalten, die 2022 restauriert wurden.

*The Warwick Road entrance opened in 1887 but was rebuilt in the 1930s with a brick and glazed circular ticket hall above which a glazed control room was added in the 1960s. The District Line platforms retain 1930s wooden benches with integrated roundel signs and early 20th century train destination lightboxes which were restored in 2022.*

# KENSINGTON OLYMPIA

District Line

District Line ▶ High Street Kensington & London Overground ▶ Clapham Junction

Mit diesem Bahnhof wurde das angrenzende, 1886 eröffnete Olympia Exhibition Centre an das Netz angeschlossen. Einst gab es hier regen Zugverkehr, doch zu Beginn des 2. Weltkriegs nur noch Pendelzüge nach Edgware Road (Metropolitan Line), Clapham Junction (SR) und Willesden Junction/Earl's Court (LMS); nach einem Bombentreffer musste der Betrieb 1940 eingestellt werden. Die heutige Pendellinie der District Line vom/zum Bahnhof High Street Kensington wurde 1946 eingerichtet; 1958 wurde entlang der West London Line ein eigenes Gleis verlegt und im Bahnhof Olympia ein eigener Bahnsteig errichtet. Der Pendelverkehr wird derzeit hauptsächlich an Wochenenden und Feiertagen angeboten. Ab den 1990ern wurde der übrige Bahnbetrieb wiederbelebt, heute halten hier regelmäßig Overground- und Southern-Züge. Der Bahnhof ist Eigentum von Network Rail und wird von London Overground betrieben. Keines der frühen Bahnhofsgebäude ist erhalten geblieben.

*This station serves the adjacent Olympia Exhibition Centre which opened in 1886. In its heyday it was served by a wide range of services but by WW2 only shuttles to Edgware Road (Metropolitan Line), Clapham Junction (SR) and Willesden Junction/Earl's Court (LMS) remained, and these ceased when the line was bombed in 1940. The current District Line shuttle from High Street Kensington was introduced in 1946 and in 1958 a segregated single track was provided for it alongside the West London Line together with a dedicated bay platform at Olympia. The service currently operates mainly at weekends and on public holidays. Other services were gradually revived from the 1990s onwards and Olympia is now also served by frequent London Overground and Southern trains. The station is owned by Network Rail and managed by London Overground. None of the early station buildings survive.*

02-06-1862 – West London Railway | Overground | National Rail | Zone 2

Kensington Addison Road
Ehemaliger Bahnhofsname | *Former station name*

# WEST KENSINGTON

District Line

Die Schalterhalle von 1904 wurde 1927 durch ein Holden-Gebäude mit einer schlichten Steinfassade ersetzt, dessen Vordach sich über die volle Breite erstreckt; mittig ist ein an einem Mast befestigtes U-Bahn-Logo zu sehen. Das Gebäude hatte ursprünglich zwei Eingänge, doch der rechte wurde geschlossen, um den Fahrkartenschalter unterzubringen. Die Schalterhalle ist mit grünen und weißen Wandfliesen im Stil der 1920er Jahre verkleidet, auf den Bahnsteigen sind Dächer mit originalen Stützen erhalten. Unmittelbar östlich des Bahnhofs zweigt ein Gleis zum Depot Lillie Bridge ab.

*The 1904 ticket hall was replaced in 1927 by a Holden design with a plain stone frontage enlivened by a full width canopy and a pole mounted roundel. It originally had two entrances but the right hand one was blocked to accommodate a new ticket office. The entrance hall has 1920s style green and white wall tiles, and the platforms have valanced canopies with original supports. Immediately to the east of the station, a single line branches off to Lillie Bridge Depot.*

09-09-1904 – District Railway

Zone 2

# BARONS COURT

District Line

Barons Court ist eine der am besten erhaltenen U-Bahn-Stationen aus der edwardianischen Zeit. Der Bahnhof hatte von Anfang an zwei Mittelbahnsteige, der südliche für die *District Railway* und der nördliche für die GNP&BR (jetzt Piccadilly Line). Die Gleise wurden 1932 neu angeordnet, die District Line fährt nun auf den äußeren Gleisen und die Piccadilly Line auf den inneren.

Das von Harry Ford und Leslie Green entworfene Eingangsgebäude ist mit brauner Terrakotta und kontrastierenden dunkelroten Fayencen verkleidet, den oberen Abschluss bildet eine Balustrade mit dekorativem Giebel. Bemerkenswert sind auch gekachelte Schriftzüge, originale Glaslaternen, ein schmiedeeisernes Vordach und Läden mit farbigen Glasfenstern im Jugendstil. In der Schalterhalle fallen die grünen Wandfliesen und zwei gekachelte, heute nicht mehr genutzte Fahrkartenschalter auf. Die Bahnsteige weisen Vordächer aus den 1930er Jahren und einzigartige Holzbänke, die den Bahnhofsnamen tragen, auf.

*Barons Court is one of the best-preserved Edwardian Underground stations, retaining many early features. It was built with two island platforms, the southernmost for District Railway services and the northernmost for GNP&BR (now Piccadilly Line) tube trains. The tracks were rearranged in 1932, since when the District Line has used the outer tracks and the Piccadilly Line the inner tracks.*

*The station building, designed by Harry Ford and Leslie Green, is faced with brown terracotta and contrasting dark red faience and has decorative pediments and balustrades at high level. Notable external features include tiled lettering, original glass lanterns, an iron entrance canopy, and shop fronts with art-nouveau stained glass. Internally, the ticket hall has distinctive green wall tiles and two tiled pedimented ticket office windows (now disused). The platforms have 1930s canopies and unique wooden benches bearing the station name.*

# BARONS COURT

District Line

Umsteigen am selben Bahnsteig | *Cross-platform interchange (District & Piccadilly Lines)*

09-10-1905 – District Railway

Piccadilly Line

Zone 2

Grade II

# HAMMERSMITH

District Line

Umsteigen am selben Bahnsteig | *Cross-platform interchange (Piccadilly & District Lines)*

Der Bahnhof Hammersmith wurde 1906 umgebaut, um Platz für die Züge der GNP&BR (jetzt Piccadilly Line) zu schaffen. Damals entstand ein von Harry Ford entworfenes Eingangsgebäude. Wie in Barons Court wurden die Gleise 1932 neu angeordnet, um das Umsteigen zwischen District Line und Piccadilly Line zu erleichtern. In den frühen 1990er Jahren entstand ein völlig neuer Bahnhof zusammen mit dem Einkaufszentrum Broadway und einem Busbahnhof. Es gibt nun an beiden Enden des Einkaufszentrums eine Schalterhalle: in das nördliche wurde ein gekacheltes Namensfries und Pilaster der Fassade des Ford-Gebäudes integriert, die Wand darunter ziert ein Mosaik der Hammersmith Bridge. Auf den Bahnsteigen sind Bänke aus den 1930er Jahren mit integrierten Rundschildern sowie moderne Bahnsteigüberdachungen mit grünen (District) und blauen (Piccadilly) Beleuchtungskörpern zu sehen.

*Hammersmith station was rebuilt in 1906 to accommodate the GNP&BR tube line (now Piccadilly Line) with a new frontage building by Harry Ford. The tracks were rearranged either side of two island platforms in 1932 - the District Line using the outer tracks and the Piccadilly Line the inner pair. In the early 1990s the station was demolished to make way for the Broadway shopping centre and a new bus station. There are two ticket halls accessed from either end of the shopping centre – the northernmost of which contains the tiled name frieze and pilasters from the exterior of Ford's building, installed above a tiled representation of Hammersmith Bridge. Platform features include 1930s benches with integrated roundel signs and modern glazed platform canopies with green (District) and blue (Piccadilly) lighting fixtures.*

09-09-1874
District Railway

Piccadilly Line
Circle Line | Hammersmith & City Line (150 m)

Zone 2

# RAVENSCOURT PARK

District Line

Der ursprüngliche Bahnhof, der ab 1877 von der *District Railway* genutzt wurde, hatte nur einen Mittelbahnsteig, der zweite kam 1911 im Zuge des viergleisigen Ausbaus der Strecke hinzu. Die LSWR stellte jedoch den Betrieb auf diesem Abschnitt ein, so dass der zweite Bahnsteig ungenutzt blieb, bis die stadteinwärtigen District-Züge 1932 auf das nördliche Gleis verlegt wurden und die Piccadilly Line begann, ohne Halt auf den inneren Gleisen durch die Station zu rauschen.

Das ursprüngliche Bahnhofsgebäude aus rotem Backstein und mit Steinbogeneingängen steht an der Südseite des Bahnviadukts, davor wurde später ein zusätzlicher Eingang aus gelbem Backstein und mit einem dazu abgestimmten Steinbogen hinzugefügt. Auf den Bahnsteigen kann man noch die attraktiven Dächer von 1911 mit Gitterträgerpfeilern und dekorativen Schürzen sehen. Auf jedem Bahnsteig ist außerdem eine originale Sitzbank mit Holz-Glas-Windschutzwänden, ähnlich wie in Stamford Brook und Turnham Green, erhalten.

*Served by the District Railway from 1877, the original station had a single island platform and a second was added to the north when the tracks through the station were quadrupled in 1911. Following the cessation of LSWR services in 1916, the new platform remained out of regular use until 1932 when eastbound District Line services were transferred to the northernmost track and Piccadilly Line services commenced running non-stop through the station on the inner tracks.*

*The original red brick station building with stone archways abuts the southern side of the railway viaduct, and an additional entrance has been added in yellow brick with a matching archway. The platforms retain their attractive 1911 canopies with lattice girder pillars and decorative valances. An original bench with timber screens, similar to those at Stamford Brook and Turnham Green, remains on each platform.*

01-04-1873
London & South Western Railway
Zone 2

Piccadilly Line (stadteinwärts) ohne Halt
*Eastbound Piccadilly Line (non-stop)*

# STAMFORD BROOK

District Line

Die LSWR-Strecke zwischen Ravenscourt Park und Turnham Green wurde 1911 viergleisig ausgebaut und Stamford Brook wurde 1912 als Zwischenstation für die *District Railway* mit einem Mittelbahnsteig zwischen den beiden südlichen Gleisen eröffnet. 1931/32 wurden die Gleise neu geordnet, die Piccadilly Line ohne Halt innen und die District Line außen, weshalb hier der Bau eines Seitenbahnsteigs für District Line Richtung Osten notwendig war. Das rote Backsteingebäude schmückt ein „holländischer" Giebel und ein verziertes Eisengitter über dem Eingang. Die beiden Bahnsteige sind sehr unterschiedlich – auf dem Mittelbahnsteig sind die attraktive Überdachung von 1912 mit gezackten Schürzen sowie die windgeschützten Holzbänke, ähnlich wie Turnham Green, erhalten, während der neuere Seitenbahnsteig ein Betondach ähnlich wie Chiswick Park aufweist. Den Seitenbahnsteig erreicht man über einen gewölbten Durchgang unter dem gemauerten Viadukt.

*The LSWR line between Ravenscourt Park and Turnham Green was quadrupled in 1911 and Stamford Brook opened as an intermediate station in 1912 with an island platform between the two southernmost tracks used by the District Railway. In 1931/32 the tracks were rearranged with non-stop Piccadilly Line trains using the inner tracks and the District Line using the outer pair, necessitating the construction of a new side platform for eastbound District services. The red brick surface building has a 'Dutch' gable and ornate metal grill above the entrance. The two platforms are in marked contrast to each other - the island platform retains its attractive 1912 canopy with serrated valances and enclosed timber seating, similar to Turnham Green, while the newer side platform has a concrete canopy similar to those at Chiswick Park. Access to the eastbound platform is through one of the viaduct arches.*

01-02-1912 – London & South Western Railway/District Railway — Zone 2

Windgeschützter Wartebereich aus den 1930er Jahren
*1930s platform shelter*

# TURNHAM GREEN

District Line

Piccadilly Line (stadteinwärts) durchfährt die Station ohne Halt
*Eastbound Piccadilly Line (non-stop)*

1877 wurde die *District Railway* bis zu diesem LSWR-Bahnhof verlängert, der 1911 ein zweites Gleispaar mit einem zusätzlichen Mittelbahnsteig für die LSWR-Züge erhielt (die jedoch bereits ab 1916 hier nicht mehr verkehrten). 1931/32 wurden die Gleise für die Erweiterung der Piccadilly Line neu geordnet, seitdem benutzt die District Line die äußeren und die Piccadilly Line die inneren Gleise. Die Piccadilly Line hält hier allerdings nur am frühen Morgen, am späten Abend und in der Nacht von Freitag auf Samstag, sie fährt sonst ohne Halt durch den Bahnhof. Die Schalterhalle ist kaum erwähnenswert, aber auf den Bahnsteigen sind gezackte Dachschürzen und windgeschützte Sitzbänke aus Holz zu sehen. Die Namensschilder tragen den Zusatz „for Bedford Park“, eine nahe gelegene Gartenstadt aus dem späten 19. Jahrhundert.

*The District Railway extended its services to this LSWR station in 1877 and it was reconstructed in 1911 with a second pair of tracks and an additional island platform for the sole use of LSWR services (which however ceased operating as early as 1916). In 1931/32 the track layout was altered to accommodate the extension of the Piccadilly Line, since when the District Line has used the outer tracks and the Piccadilly Line the inner tracks. Piccadilly Line trains mostly run non-stop through the station except for early mornings, late evenings and Friday/Saturday nights. The ticket hall is undistinguished, but the platforms are attractive with serrated valances on the canopies and enclosed timber seating. Platform roundel signs have the suffix 'for Bedford Park', a nearby late 19th century garden suburb.*

01-01-1869 - London & South Western Railway | Piccadilly Line (zeitweise | *limited service*) | Zone 2 & 3

# CHISWICK PARK

District Line

Der ursprüngliche Bahnhof wurde umgebaut, als die Strecke zwischen Turnham Green und Acton Town 1931/32 viergleisig ausgebaut wurde, um die Piccadilly Line über Hammersmith hinaus zu verlängern. Die District Line erhielt Seitenbahnsteige an den Außengleisen, während die Piccadilly Line auf den mittleren Gleisen vorbeirauscht. Das von Holden entworfene Eingangsgebäude ist gekennzeichnet durch eine halbkreisförmige Fassade mit hohen Fensterflächen, einem flachen Betondach und einem Turm an einer Seite. Drei breite Eingänge führen in eine lichtdurchflutete Schalterhalle, in die später ein halbkreisförmiger Fahrkartenschalter eingebaut wurde. Die Bahnsteige haben auskragende Betondächer mit originalen Unterständen. Einige Schilder aus den 1930er Jahren sind ebenfalls erhalten geblieben.

*The original station was rebuilt when the line between Turnham Green and Acton Town was quadrupled in 1931/32 for the extension of Piccadilly Line services beyond Hammersmith. The District Line has side platforms on the outer tracks; Piccadilly Line trains pass through non-stop on the centre tracks. The Holden-designed building has a distinctive semi-circular frontage with full-height windows, a flat concrete roof, and a tower to one side. There are three broad entrances to the large, well-lit ticket hall to which a semi-circular ticket office has been added. The platforms have cantilevered concrete canopies with original shelters. Some 1930s signs have been retained as part of the station's heritage.*

01-07-1879 – District Railway

Zone 3

Grade II

District Line ▸ Ealing Broadway

# CHISWICK PARK

District Line

# ACTON TOWN

District Line

Die ursprüngliche Station wurde 1910 nach der Inbetriebnahme der Äste nach Hounslow Town (1883) und South Harrow (1903) umgebaut. Wesentliche Veränderungen folgten 1931/32, als für die Verlängerung der Piccadilly Line von Hammersmith zwei Mittelbahnsteige errichtet wurden; für die 1959 eingestellte Pendellinie nach South Acton gab es sogar ein fünftes Gleis mit einem kurzen Seitenbahnsteig (das Gleis wurde entfernt, der Bahnsteig existiert noch). Das Eingangsgebäude mit integrierter Ladenzeile über den Gleisen gilt als wichtiges Beispiel für Holdens spätere Arbeit. Die rechteckige Schalterhalle aus Backstein und Betonflachdach weist hohe Fenster auf, die natürliches Licht in die Schalterhalle lassen. Die Bahnsteige, die über

*The original station was rebuilt in 1910 following the opening of branches to Hounslow Town (1883) and South Harrow (1903). It was rebuilt again in 1931/32 with two island platforms and four tracks for the extension of Piccadilly Line services from Hammersmith plus a fifth track and short side platform for the South Acton shuttle service (withdrawn 1959 and track lifted, but the platform remains). The station building and integral parade of shops, built over the tracks, are listed as an important example of Holden's later Underground work. The rectangular, flat-roofed, brick and concrete ticket hall has double-height windows providing natural light to the interior. The platforms, reached by enclosed stairs,*

01-07-1879 – District Railway | Piccadilly Line | Zone 3 | Grade II

eingehauste Treppen erreicht werden, erhielten Betondächer mit Oberlichtern. Das Depot des London Transport Museum befindet sich auf der gegenüberliegenden Seite der Gunnersbury Lane.

*have concrete canopies with clerestory windows. The London Transport Museum Depot is on the opposite side of Gunnersbury Lane from the station.*

# EALING COMMON

District Line — Piccadilly Line

Im Bahnhof Ealing Common verkehren die District und die Piccadilly Line auf denselben Gleisen. Er wurde 1931 umgebaut, bevor der South Harrow-Ast der District Line 1932 von der Piccadilly Line übernommen wurde. Das siebeneckige Eingangsgebäude aus Portland-Stein mit Flachdach stammt von Charles Holden und hat ein Vordach in voller Breite. Fenster im oberen Bereich, in denen das U-Bahn-Rondell angedeutet ist, sorgen für natürliches Licht in der Schalterhalle, wo das ursprüngliche grau-weiße Kachelmuster sowie Kioske mit Bronzefront zu sehen sind. Die gekrümmten Bahnsteige haben Backsteinwände sowie Betonüberdachungen mit Oberlichtern.

*This station is served by District and Piccadilly Line services sharing the same tracks. It was rebuilt in 1931 prior to the transfer of the South Harrow branch of the District Line to the Piccadilly Line in 1932. Designed by Charles Holden, it has a heptagonal-shaped ticket hall in Portland stone with a flat roof and full-width entrance canopy. High-level windows with glazing bars outlining the Underground roundel provide natural lighting for the ticket hall which retains its original decorative grey and white tiling and bronze-fronted kiosks. The curved platforms have concrete canopies with brick infill and clerestory windows.*

01-07-1879 – District Railway — Piccadilly Line

Zone 3 — Grade II

Piccadilly Line Richtung Stadtzentrum
*Eastbound Piccadilly Line service*

# EALING BROADWAY

District Line

Bahnsteighalle von 1879 | *1879 train shed*

1879 bekam die *District Railway* einen Ast von Turnham Green, der in Ealing an der Nordseite des bestehenden GWR-Bahnhofs endete. Das ursprüngliche Bahnhofsgebäude der *District Railway* wurde 1910 durch ein neues mit Steinfassade ersetzt, das heute anderweitig genutzt wird. 1920 wurde auch die *Central London Railway* bis Ealing Broadway verlängert – sie endet zwischen den GWR- und District-Gleisen. 1965 errichtete *British Rail* unter einem Bürogebäude eine gemeinsame Schalterhalle für sich und die U-Bahn, welche 2021 im Rahmen des Crossrail-Projekts (Elizabeth Line) vergrößert wurde. Der Bahnhof verfügt heute über vier Network Rail-Gleise, zwei Central Line-Gleise sowie drei District Line-Gleise, von denen zwei zum Teil innerhalb der ursprünglichen Bahnsteighalle von 1879 liegen, in der man mehrere rote U-Bahn-Logos mit Holzrahmen im Stil von 1908 sehen kann.

*In 1879 the District Railway opened a branch from Turnham Green, terminating to the north of GWR's existing Ealing station. The original District Railway station building was replaced in 1910 by a stone-faced building which still exists although it is no longer in railway use. In 1920 Central London Railway tube trains were extended to Ealing Broadway, terminating between the GWR and District tracks. In 1965 British Rail opened a combined ticket hall beneath an office block for its own services and both Underground lines and in 2021 an enlarged ticket hall was opened as part of the Crossrail (Elizabeth Line) project. The station has four Network Rail tracks, two Central Line tracks and three District Line tracks, two of the latter are partly covered by the original train shed of 1879 within which are some replica 1908-style wooden framed solid red roundels.*

01-07-1879 – District Railway

Central Line | Elizabeth Line | National Rail | Zone 3

Eingangsgebäude von 1910 | *1910 entrance*

# GUNNERSBURY

District Line | London Overground

District Line ▸ Richmond

Der Eingang zum Bahnhof Gunnersbury verbirgt sich unter einem Bürogebäude aus den 1960er Jahren, dem 18-stöckigen Chiswick Tower, der das ursprüngliche Backsteingebäude ersetzte. Der Bahnhof liegt unmittelbar südlich der Gunnersbury Junction, wo die District Line in die North London Line einmündet – der Abschnitt von Gunnersbury bis Richmond wird gemeinsam von der District Line und London Overground (Stratford – Richmond) im Mischbetrieb befahren. Der Bahnhof ist Eigentum von Network Rail, wird aber von London Underground betrieben. Früher gab es fünf Gleise mit zwei Mittelbahnsteigen und einem Seitenbahnsteig, doch 1932 wurden drei Gleise entfernt, nachdem eine Anschlusslinie (Chiswick Curve) zur Kew Bridge stillgelegt worden war. Der heutige Mittelbahnsteig befindet sich zwischen Parkhäusern, die auf dem ehemaligen Bahngelände errichtet wurden.

*Gunnersbury station is hardly visible at street level as its main entrance is hidden beneath a 1960s office block, the 18-storey Chiswick Tower, which replaced the original brick station building. The station is located immediately to the south of Gunnersbury Junction where the District Line joins the North London Line and is served by District Line and London Overground (Stratford –Richmond) services. The station is owned by Network Rail but operated by London Underground. In earlier days there were two island platforms and a side platform serving five tracks, but three tracks were removed in 1932 following the closure of a connecting line to Kew Bridge (the Chiswick Curve). The remaining two tracks and island platform are now situated between multi-storey car parks built on the former railway land.*

01-01-1869 - London & South Western Railway | Overground | Zone 3

London Overground ▸ Richmond

# KEW GARDENS

District Line | London Overground

Der Bahnhof Kew Gardens liegt 500 m von den „Royal Botanic Gardens" entfernt, die zum UNESCO-Weltkulturerbe zählen und zu denen viele Besucher per Bahn anreisen. Das ursprüngliche zweistöckige Bahnhofsgebäude im viktorianischen Villenstil ist ebenso denkmalgeschützt wie eine außerhalb des Sperrbereichs liegende Stahlbeton-Fußgängerbrücke aus dem Jahr 1912. Diese verfügt über hohe seitliche Brüstungen und Windleitbleche, um Fußgänger vor dem Rauch der Dampflokomotiven zu schützen, die hier einst fuhren. Von der Hauptschalterhalle erreicht man den stadteinwärtigen Bahnsteig ebenerdig, über eine Unterführung kommt man zu einem Nebeneingang und zum Bahnsteig Richtung Richmond. Einzigartig ist ein Pub auf dem Bahnsteig in Richtung Osten im ehemaligen Bahnhofsrestaurant, der Zugang ist heute jedoch nur von außerhalb des Bahnhofs möglich. Der Bahnhof ist im Eigentum von Network Rail, wird jedoch von London Underground betrieben und auch von London Overground genutzt.

*Kew Gardens station is situated 500 m from the Royal Botanic Gardens, a UNESCO world heritage site, to which many visitors travel by rail. The original two-storey Victorian villa-style station building is listed as is the 1912 ferro-concrete footbridge which connects the public roads either side of the station. This features high sided parapets and smoke deflectors to protect pedestrians from smoke from the steam locomotives that once used the line. The main ticket hall has level access to the eastbound platform and a subway connection to a secondary entrance on the westbound side. Uniquely amongst Underground stations, there is a pub on the eastbound platform in the former station buffet though access is now only possible from outside the station. This is a Network Rail station managed by London Underground but also served by London Overground.*

01-01-1869
LSWR

Zone 3 & 4

Grade II

Fußgängerbrücke von 1912 | *1912 footbridge*

# RICHMOND

District Line | London Overground

1869 eröffnete die LSWR eine Linie von Kensington Addison Road (heute Olympia) nach Richmond, die an der Nordseite ihres bestehenden Bahnhofs auf der Strecke von/nach Waterloo endete. Die District Railway wurde 1877 auf den Gleisen der LSWR von Hammersmith nach Richmond erweitert. Heute gibt es hier fünf Stumpfgleise: die beiden nördlichen werden normalerweise von der District Line benutzt, die anderen drei von London Overground für ihre Linie Stratford – Richmond. Südlich davon findet man zwei Durchgangsgleise für SWR-Züge von/nach Waterloo. Auf den Bahnsteigen zwischen den Stumpfgleisen sind noch einige verzierte Dachstützen aus dem 19. Jahrhundert erhalten.

*In 1869 the LSWR opened a line from Kensington Addison Road (now Olympia) to Richmond, terminating on the north side of its existing station on the line from Waterloo. District Railway services were extended over the LSWR line from Hammersmith to Richmond in 1877. Today, the station has five terminating tracks; District Line trains normally use the northernmost pair and London Overground's Stratford – Richmond trains the other three. There are also two through tracks used by South Western Railway (SWR) services to/from Waterloo. Some decorative 19th century canopy supports remain on the terminal platforms.*

01-01-1869
London & South Western Railway
National Rail
Zone 4

Das aktuelle Bahnhofsgebäude wurde 1937 vom Nachfolger der LSWR, der *Southern Railway*, eröffnet. Es wurde von James Robb Scott entworfen und weist eine Portland-Steinfassade im Art-Deco-Stil auf; der Vorplatz wurde 2013 in eine Fußgängerzone umgewandelt. Der Bahnhof ist Eigentum von Network Rail und wird von SWR betrieben.

*The current station building was opened by the LSWR's successor, the Southern Railway, in 1937. Designed by James Robb Scott, it features an Art Deco style Portland stone façade fronting a forecourt that was pedestrianised in 2013. The station is owned by Network Rail and managed by SWR.*

# WEST BROMPTON

District Line

Bevor dieser District-Ast 1880 bis Putney Bridge verlängert wurde, pendelte von diesem Bahnhof anfangs ein Zug bis Gloucester Road. Trotz einiger Umbauten ist das Eingangsgebäude aus gelbem Backstein ein gutes Beispiel für die frühen District-Bahnhöfe. Über dem nördlichen Ende der Bahnsteige sind das ursprüngliche kurze Holz-Glas-Dach und zwei gusseiserne Übergänge mit separaten Treppen für abfahrende und ankommende Fahrgäste erhalten geblieben. Aus den 1920er Jahren stammen zwei seltene Rundschilder mit einem ineinandergreifenden „W", wie es sonst nirgendwo in der U-Bahn zu sehen ist (s. S.5). Die danebenliegende Station der West London Line wurde 1866 eröffnet, 1940 geschlossen und anschließend abgerissen, doch 1999 wiedereröffnet; hier halten heute Züge der London Overground und der *Southern* an zwei Seitenbahnsteigen, die über mit Backstein verkleidete Aufzugstürme barrierefrei zugänglich sind – für die U-Bahn gilt das nur stadteinwärts (der Bahnsteig liegt direkt neben dem der Overground Richtung Süden, ist jedoch größtenteils abgezäunt).

*This station was served by a District Railway shuttle from Gloucester Road until the line was extended to Putney Bridge in 1880. Despite some alterations, the yellow brick entrance building is a well-preserved example of an early District Railway station. The station also retains its original short timber and glazed roof over the north end of the platforms and two cast iron overbridges with stairs to the platforms for departing and arriving passengers. Two rare roundel signs dating from the 1920s feature an interlocking 'W' not seen elsewhere on the Underground (see photo on page 5). The adjacent station on the West London Line opened in 1866, closed in 1940 (and was subsequently demolished) but reopened in 1999 and is now served by London Overground and Southern services. Two brick-faced lift towers provide step-free access to the Overground/Southern platforms and to the eastbound Underground platform (which adjoins but is mostly fenced off from the southbound Overground platform).*

12-04-1869
District Railway | Overground | National Rail | >E | Zone 2 | Grade II

District Line ▸ Wimbledon

# FULHAM BROADWAY

District Line

Blick von der zum ehemaligen Ausgang führenden Treppe
*View from former exit overbridge*

Der Denkmalschutz dieses Bahnhofs bezieht sich auf seine ursprüngliche Bahnsteighalle mit Glassatteldach sowie sein ehemaliges Eingangsgebäude mit brauner Terrakotta-Fassade von Harry Ford (ca. 1910). In den frühen 2000er Jahren wurde über dem offenen Teil des Bahnhofs ein Einkaufszentrum errichtet und über den Bahnsteigen eine neue Schalterhalle mit Zugang vom Einkaufszentrum geschaffen. Weitere Ausgänge stehen bei Heimspielen des Chelsea Football Club zur Verfügung. Das alte, derzeit leer stehende Empfangsgebäude ist gut erhalten. Auf den breiten Bahnsteigen sind Holztafeln aus den 1920er Jahren mit emaillierten Rund-Logos zu sehen. Am südwestlichen Ende sind die Treppen zum alten Ausgang noch vorhanden.

*This station's listed status relates to its original train shed with pitched glazed roof and the former entrance building with brown terracotta façade designed by Harry Ford (c1910). In the early 2000s, a shopping centre was built over the open section of the station and a new ticket hall was provided above the platforms with access from the shopping centre. Additional entrances were provided to handle crowds attending the nearby Chelsea Football Club. The former entrance building, vacant at the time of writing, retains many original architectural features. The wide platforms beneath the train shed retain some 1920s timber sign boards with enamelled roundels. At the southwest end, the stairs to the former exit are still in place.*

01-03-1880 – District Railway

Zone 2 Grade II

Ehemaliges Eingangsgebäude | *Former entrance building*

# PARSONS GREEN

District Line

Ehemaliges Stellwerk | *Former signal box*

Die Gestaltung des Bahnhofs Parsons Green stand unter der Regie von John Wolfe Barry. Die Schalterhalle befindet sich in einem Bogen unter den Gleisen mit Eingängen von beiden Seiten: der ursprüngliche Eingang aus gelbem Backstein auf der Südseite neben dem Eisenbahnviadukt und ein Nebeneingang auf der Nordseite aus den 1930er Jahren. Die Treppen zu den Bahnsteigen und die Bahnsteigüberdachungen sind mit Holz vertäfelt. Neben dem Nordeingang steht ein Turm aus gelbem Backstein, in dem nicht nur der Treppenaufgang zum Bahnsteig Richtung Osten untergebracht ist, sondern darüber auch ein ehemaliges Stellwerk. Auf beiden Seiten des Bahnhofs befinden sich mehrere Abstellgleise, auf denen nachts Züge abgestellt werden.

*The design of Parsons Green station was supervised by John Wolfe Barry. The ticket hall is situated in an arch beneath the tracks with entrances from either side: the original yellow brick street entrance which projects out from the south side of the railway viaduct, and an additional entrance from a footpath on the north side dating from the 1930s. The staircases up to the platforms and the platform shelters feature wooden panelling. A brick tower adjacent to the northern entrance houses the staircase for the eastbound platform and a former signal box at the upper level. Either side of the station are a number of sidings where trains are stabled overnight.*

01-03-1880 – District Railway — Zone 2

# PUTNEY BRIDGE

District Line

Diese Station liegt unmittelbar nördlich der Fulham Railway Bridge, ist aber nach der nahen Straßenbrücke über die Themse benannt. Hier war bis zur Verlängerung der LSWR-Linie nach Wimbledon 1889 Endstation. 1910 wurde an der Ostseite ein drittes Gleis für weiterfahrende Züge angelegt, während das mittlere Gleis fortan als Stumpfgleis für aus dem Norden endende Züge diente. Das dritte Gleis wurde 2016 nach Außerdienststellung der C-Züge wieder entfernt, da das Stumpfgleis für D- oder S-Züge zu kurz war. Das Bahnhofsgebäude hat eine dreistöckige gelbe Backsteinfassade im italienischen Stil und ist seitlich an das Eisenbahnviadukt angebaut. In der hohen Schalterhalle, die sich in die Bögen des Viadukts erstreckt, sind noch holzvertäfelte Fahrkartenschalter und eine Holztreppe zu sehen. Die ansprechenden Bahnsteigüberdachungen und Warteräume stammen vom Umbau von 1910.

*This station is situated immediately to the north of Fulham Railway Bridge but takes its name from the nearby road bridge. It became a through station in 1889 upon the opening of the LSWR's line to Wimbledon. In 1910 a third track was provided on the eastern side for through trains, the central track becoming a bay platform for terminating trains from the north. The original double track arrangement was reinstated in 2016 following the withdrawal of C stock trains as the bay platform was too short for D or S stock. The station frontage is an impressive three-storey yellow brick structure of Italianate design abutting the railway viaduct. The central double height entrance hall which extends into the arches of the viaduct still retains its timber fronted former ticket office and a timber panelled staircase. The attractive platform canopies and waiting rooms date from the 1910 alterations.*

01-03-1880 – District Railway — Zone 2

# EAST PUTNEY

District Line

Diese Station liegt unmittelbar nördlich der East Putney Junction, wo Betriebsgleise Richtung Clapham Junction abzweigen (seit 1941 ohne Personenverkehr). Das rote Backsteingebäude mit Giebel liegt etwas versteckt zwischen dem Viadukt der District Line und dem von Network Rail. Zwei markante Türme aus den 1980er Jahren mit dem Schriftzug „East Putney“ stehen zu beiden Seiten des Vorplatzes als Teil eines Stadtteilverschönerungsprojekts. Stadteinwärts hält die District Line an einem Seitenbahnsteig, Richtung Wimbledon an der westlichen Kante eines Y-förmigen Mittelbahnsteigs – die andere, ungenutzte Kante liegt an der Network Rail-Strecke.

*This station is situated immediately to the north of East Putney Junction where the Network Rail chord towards Clapham Junction diverges (without passenger service since 1941). The red brick station building with a pediment is situated between the District and Network Rail viaducts, somewhat obscured by a florist's pavilion in the forecourt. Two distinctive towers with 'East Putney' lettering stand either side of the forecourt; these date from a 1980s project to revitalise the appearance of the station. Eastbound District trains have a side platform whilst westbound trains use one face of a Y-shaped island platform; the other face abuts the Network Rail line.*

03-06-1889 – London & South Western Railway

Zone 2 & 3

# SOUTHFIELDS

District Line

Southfields ist die am günstigsten gelegene Station für die alljährlichen „Wimbledon Tennis Championships“, so dass während des Turniers Massen an Fahrgästen zu bewältigen sind. Anlässlich dieser Veranstaltung wird der Bahnsteig mit Kunstrasen und Tennisplatzmarkierungen gestaltet. Das ursprüngliche LSWR-Eingangsgebäude aus rotem und gelbem Backstein mit verziertem Giebel und Schornsteinen ähnelt dem an der benachbarten Station Wimbledon Park, es wurde jedoch umfassender verändert, zuletzt für die Tenniswettbewerbe der Olympischen Spiele 2012. Damals kam ein einstöckiges Seitengebäude mit einem zweiten Eingang sowie einem Aufzug von der Schalterhalle zur Bahnsteigebene hinzu. Der Bahnhof ging 1994 von *British Rail* ins Eigentum von *London Underground* über.

*Southfields is the most convenient station for the annual Wimbledon Tennis Championships and handles large numbers of passengers during the tournament. The station is usually decorated for the event with artificial grass and tennis court markings on the platforms. The original red/yellow brick LSWR station with decorative pediment and chimneys is similar to neighbouring Wimbledon Park but has been more extensively altered, most recently for the 2012 Olympic Games tennis competitions. These works included the construction of a single-storey side extension with a second street entrance and a lift from ticket hall to platform level. The station was transferred from British Rail to London Underground ownership in 1994.*

03-06-1889 – London & South Western Railway

Zone 3

# WIMBLEDON PARK

District Line

Die Station Wimbledon Park besitzt ein kleines LSWR-Eingangsgebäude aus rotem und gelbem Backstein, das ein geneigtes Dach sowie einen verzierten Giebel und Schornsteine im klassischen Holland-Stil aufweist. Am nördlichen Ende des Mittelbahnsteigs findet man unter dem von verzierten Stützsäulen getragenen Bahnsteigdach Aufbauten, die ebenfalls aus rotem und gelbem Backstein errichtet wurden. Der Bahnhof wurde 1994 von *British Rail* an *London Underground* übergeben, zeitweise kann man aber noch Leerfahrten von SWR-Zügen beobachten.

*This station has a small red and yellow brick LSWR entrance building with a pitched roof and decorative pediment and chimneys in the Dutch classical style. The northern end of the island platform also has red and yellow brick buildings surmounted by canopies with some decorative support columns. The station was transferred from British Rail to London Underground ownership in 1994 but occasional SWR empty stock workings still pass non-stop through the station.*

03-06-1889 – London & South Western Railway

Zone 3

Die *District Railway* wurde 1889 über die neu gebaute LSWR-Strecke von Putney Bridge bis Wimbledon verlängert. *London Underground* übernahm die Strecke 1994, lediglich der Bahnhof Wimbledon ist weiterhin Eigentum von *Network Rail* und wird von *South Western Railway* betrieben, weshalb deren Beschilderung und Ausstattung auch auf dem Bahnsteig der U-Bahn zu sehen ist. Der Bahnhof besitzt insgesamt elf Gleise: vier Stumpfgleise an der Westseite für die District Line, zwei versetzt angeordnete Stumpfgleise für die Tram an der Ostseite und dazwischen fünf Durchgangsgleise für SWR- und Thameslink-Züge. Das Bahnhofsgebäude stammt aus den späten 1920er Jahren und weist eine vornehme Fassade aus Portland-Stein von James Robb Scott, dem Hausarchitekten der *Southern Railway*, auf. Der Vorplatz wurde 2011 verkehrsberuhigt.

*District Railway services were extended over the newly built LSWR line from Putney Bridge to Wimbledon in 1889. London Underground took over ownership of the line in 1994 apart from Wimbledon station which is owned by Network Rail and managed by South Western Railway, whose signage and décor is used rather than that of London Underground. The station has eleven tracks in total with four terminating tracks for the District Line, two staggered terminating tracks for London Trams and five through tracks for SWR and Thameslink services. The current station building dates from the late 1920s and has a distinguished Modernist-style Portland stone frontage designed by James Robb Scott, Chief Architect of the Southern Railway. The station forecourt was pedestrianised in 2011.*

03-06-1889 – London & South Western Railway

National Rail | London Trams | Zone 3

# ALDGATE EAST

District Line | Hammersmith & City Line

District Line ▶ Ealing Broadway

Die heutige Station Aldgate East wurde 1938 etwas östlich ihres ursprünglichen Standorts eröffnet, um die Erweiterung des Gleisdreiecks Aldgate zu ermöglichen. Die Gleise wurden 2 m abgesenkt, um unterirdische Schalterhallen und Fußgängerunterführungen an jedem Ende des Bahnhofs errichten zu können, was zu einer hohen Decke über den Bahnsteigen führte. Der Bahnhof hat vier Treppeneingänge, der nordöstliche ist in die denkmalgeschützte Passmore

*The current Aldgate East station opened in 1938 a short distance to the east of its original location so as to permit the enlargement of the triangular junction at Aldgate. The tracks were lowered by 2.0 m to allow the construction of subsurface ticket halls linked to pedestrian subways at each end of the station, resulting in a high ceiling above the platforms. The station has four staircase entrances, the northeastern integrated into the listed*

# ALDGATE EAST

District Line | Hammersmith & City Line

Nordwesteingang | *Northwestern entrance*

Edwards Library integriert. Ab 2007 wurde der Bahnhof renoviert, wobei ursprüngliche Elemente restauriert oder wiederhergestellt wurden. Bemerkenswert sind die cremefarbenen Fayence-Wandfliesen aus den 1930er Jahren, darunter eine Reihe dekorativer Kacheln von Harold Stabler, u.a. mit „55 Broadway" oder dem U-Bahn-Logo, sowie die seltenen Rondelle mit Inschriften in den nördlichen Treppenzugängen. Im Foyer des 21-stöckigen Relay Building über dem nordwestlichen Eingang ist ein Teil eines C-Wagens zu sehen.

*Passmore Edwards Library. Commencing 2007, the station was refurbished in 'heritage' style with original features restored or replicated. Of note are the 1930s cream faience wall tiles and rare roundels with infill lettering in the northern entrance staircases and a series of platform wall tiles by Harold Stabler depicting various motifs including 55 Broadway and the LT roundel. The 21-storey Relay Building above the northwestern station entrance has part of a C stock car in its entrance foyer.*

06-10-1884
District Railway

Zone 1

Südwesteingang | *Southwestern entrance*

# WHITECHAPEL

District Line | Hammersmith & City Line

Die erste Bahnhof Whitechapel wurde 1876 von der *East London Railway* auf ihrer teils unterirdischen Nord-Süd-Linie eröffnet, die 2010 Teil des London Overground-Netzes wurde. Die *District Railway* nahm 1884 eine oberirdische Endstation für ihre Ost-West-Linie in Betrieb. Die beiden Stationen wurden 1902 verbunden. Im ehemaligen Eingangsgebäude der *District Railway* befindet sich heute ein Café. Der Bahnhof wurde 2016-2021 im Zuge des Baus der tiefliegenden Elizabeth Line umfassend umgebaut. Das Eingangsgebäude von 1876 wurde restauriert und die großzügige Verteilerebene wurde mit einem geschwungenen „grünen" Dach überspannt. Die U-Bahn bekam nun einen einzigen, jedoch sehr breiten Mittelbahnsteig statt wie zuvor vier Gleise mit zwei Mittelbahnsteigen, was bedeutet, dass Whitechapel kein regelmäßiger Endpunkt mehr ist. Der

*The first Whitechapel station was opened by the East London Railway in 1876 on its north-south subsurface line which became part of the London Overground network in 2010. The District Railway opened an adjacent surface-level terminus on its east-west line in 1884 and the two stations were combined in 1902; the former District Railway entrance is now a coffee shop. The station was comprehensively rebuilt (2016-21) to accommodate the deep-level Elizabeth Line; the works included the restoration of the 1876 entrance building and the construction of a new concourse and ticket hall with a curved 'green' roof. A single wide island platform serves two Underground tracks in place of two previous island platforms and four through tracks, meaning that Whitechapel is no longer a regular reversing point. The*

06-10-1884 – District Railway

Elizabeth Line | Overground

Zone 2

District Line ▶ Ealing Broadway

# WHITECHAPEL

District Line | Hammersmith & City Line

Bahnhof erschließt den Whitechapel-Markt und ein Viertel mit einer großen, aus Bangladesch stammenden Bevölkerung, was sich an manchen zweisprachigen (Englisch/Bengali) Schildern widerspiegelt.

*station serves Whitechapel market and an area with a large Bangladeshi community, reflected in the installation of some bilingual English/Bengali station signs.*

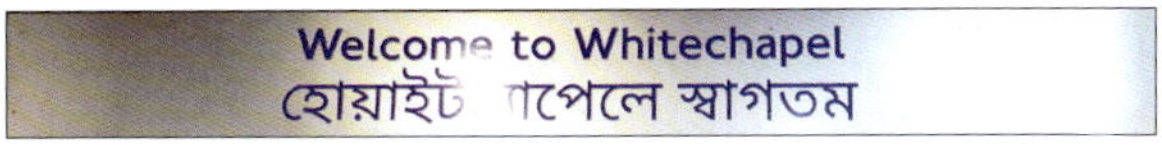

Restaurierter Eingang von 1876 | *Restored 1876 entrance*

# STEPNEY GREEN

District Line | Hammersmith & City Line

Das einstöckige Backsteingebäude des U-Bahnhofs Stepney Green von Harry Ford ähnelt dem am U-Bahnhof Bow Road, hat aber eine längere Fassade. Es ist geprägt von Rundbogenfenstern und halbrunden Oberlichtern über den Türen und hat ein Schieferwalmdach. Die einst sehr breiten Bahnsteige wurden auf dem größten Teil ihrer Länge durch Ziegelwände verschmälert, aber die ursprünglichen Stützpfeiler für die Ziegelgewölbedecke sind auf einem Teil des Bahnsteigs Richtung Osten noch sichtbar; die Flächen dazwischen sind mit gitterartigen Paneelen verkleidet. Am Treppenabgang zu den Bahnsteigen ist ein alter Richtungspfeil „TO THE TRAINS" erhalten.

*The street-level building at Stepney Green is a similar Harry Ford design to that at Bow Road albeit with a longer frontage. It is single-storey and constructed in red brick with arched windows and fanlights above the doors and has a hipped slate roof. The original wide platforms have been narrowed with false brick side walls over most of their length, but original support pillars for the vaulted brick roof are still visible on part of the eastbound platform with lattice patterned panels in between. There is an early 'TO THE TRAINS' sign at the top of the stairs leading to the platforms.*

23-06-1902
Whitechapel & Bow Railway

Zone
2

# MILE END

District Line | Hammersmith & City Line

Das ursprüngliche Eingangsgebäude aus rotem Backstein, ähnlich wie Stepney Green und Bow Road, wurde Ende der 1930er Jahre im Zuge der Verlängerung der Central Line von Liverpool Street nach Osten umgebaut, auch wenn die Central Line aufgrund des 2. Weltkriegs erst 1946 hier fuhr. Die sonst tief liegende Central Line steigt hier bis auf Unterpflasterniveau an, um das Umsteigen zur District/H&C Line am selben Bahnsteig zu ermöglichen – die einzige derartige unterirdische Anlage im Londoner U-Bahn-Netz zwischen Linien verschiedener Profile. Die niedrige Decke ist über den Bahnsteigen mit Paneelen verkleidet und wird von gekachelten mittigen Stützpfeilern getragen. Das von Stanley Heaps entworfene Eingangsgebäude weist eine Fassade aus Portland-Stein auf; in der Fensterreihe ist ein „LONDON TRANSPORT"-Rondell zu sehen.

*The original red brick station, similar to Stepney Green and Bow Road, was rebuilt in the late 1930s for the eastward extension of the Central Line from Liverpool Street, though WW2 delayed the introduction of Central Line services until 1946. The Central Line tube tunnels rise up to subsurface level alongside the outer faces of the two island platforms either side of the District/H&C tracks. This is the only station on the Underground network where there is cross platform interchange between tube and subsurface lines below ground. The platforms have a low panelled ceiling and tiled central support pillars along their length. The surface building designed by Stanley Heaps has a Portland stone façade with high-level windows featuring a 'LONDON TRANSPORT' roundel.*

02-06-1902
Whitechapel & Bow Railway

Central Line

Zone 2

Umsteigen am selben Bahnsteig | *Cross-platform interchange* (District & Central Lines)

# BOW ROAD

District Line | Hammersmith & City Line

District Line ▸ Upminster

Der Bahnhof Bow Road liegt direkt am östlichen Tunnelportal, bevor die District Line nach 400 m die ehemalige LTSR-Hauptstrecke erreicht, zu der sie dann parallel in Richtung Barking und Upminster fährt. Der Bahnhof hat gekrümmte Bahnsteige, die teilweise im Tunnel und teilweise im offenen Einschnitt liegen. Das westliche Ende ist mit einem Ziegeltonnengewölbe, das von gusseisernen Balken auf dicken dekorativen Säulen getragen wird, überdeckt. Das östliche Ende weist von den Seitenwänden auskragende Glasdächer auf; über die Gleise führt eine eingehauste Fußgängerbrücke. Das von Harry Ford entworfene Bahnhofsgebäude hat eine rote Backsteinfassade mit Rundbogentüren und -fenstern sowie ein Schieferwalmdach.

*Bow Road is situated at the point where eastbound Underground trains emerge from tunnel before reaching the former LTSR main line, alongside which they run towards Barking and Upminster. The station has an unusual layout with its curved platforms partly within tunnel and partly in open cutting. At the western end the platforms lie beneath a barrel-vaulted brick roof supported by cast iron beams upon large decorative pillars which follow the curve of the platforms. At the eastern end the platforms have glazed canopies cantilevered from the side walls and there is an enclosed footbridge across the tracks. The station building has a red brick façade with arched doors and windows and a hipped slate roof designed by Harry Ford.*

11-06-1902 - Whitechapel & Bow Railway — Zone 2 — Grade II

# BROMLEY-BY-BOW

District Line | Hammersmith & City Line

Der ursprüngliche LTSR-Bahnhof wurde 1894 an einen neuen Standort verlegt und ab 1902 hielten hier auch die Dampfzüge der *District Railway*. Die Züge von *British Railways* zum/vom Bahnhof Fenchurch Street hingegen hielten hier zuletzt im Jahr 1962, so dass der ehemalige gemeinsame Mittelbahnsteig heute nur noch von U-Bahn-Zügen in westlicher Richtung genutzt wird. Das Bahnhofsgebäude von 1894 wurde nach einem Brand 1972 durch ein einfaches einstöckiges *British Rail*-Gebäude ersetzt. Dieses wurde zwischen 2017 und 2020 umfassend modernisiert, indem etwa ein Stahl-Glas-Aufbau mit Vordach hinzukamen und Aufzüge für einen barrierefreien Zugang zu den Bahnsteigen eingebaut wurden. Die einzigen bemerkenswerten historischen Elemente sind die originalen LTSR-Dachstützen auf dem Bahnsteig Richtung Osten.

*The original LTSR station was re-sited in 1894 and District Railway steam trains started serving it in 1902. In 1905 the District Railway switched to electric traction using new electrified tracks on the north side of the station. British Railways' services to/from Fenchurch Street ceased serving the station in 1962 and the former shared island platform is now only used by westbound Underground trains. The 1894 station building was damaged by fire and replaced by a basic single-storey building designed by British Rail in 1972. This was extensively modernised between 2017 and 2020 with the addition of a steel and glazed 'lantern' roof structure and projecting entrance canopy together with new lifts for step-free access to the platforms. The only heritage features of note are the original LTSR canopy support brackets on the eastbound platform.*

31-03-1858 – London, Tilbury & Southend Railway

Zone 2 & 3

*LTSR monograms*

# WEST HAM

District Line | Hammersmith & City Line

West Ham ist eine wichtige Umsteigestation zwischen den auf einem Damm verkehrenden Linien (District/Hammersmith & City Line sowie c2c) und den ebenerdig verlaufenden Strecken der Jubilee Line und der DLR. Die heutige Station entstand 1999 mit Verlängerung der Jubilee Line. Die von van Heyningen & Haward entworfene Betonrahmenkonstruktion ist mit rotem Backstein und Glasblöcken verkleidet. Der Eingang befindet sich unter Arkaden und führt in eine hohe Schalterhalle. Vom Obergeschoss gelangt man über eine Brücke zu den Bahnsteigen der Jubilee Line und der DLR. Ein quadratischer Uhrturm erinnert an die Holden-Stationen der 1930er Jahre. Der Bahnsteig der District/H&C Line ist durch ein elegantes, blau beleuchtetes Dach geschützt. Östlich des Bahnhofs befindet sich für die U-Bahn ein Kehrgleis.

*West Ham is an important interchange between the District, H&C and c2c lines (on embankment) and the Jubilee and DLR lines (at ground level). The current station was built for the opening of the Jubilee Line Extension in 1999. Designed by van Heyningen & Haward, it is an impressive concrete-framed structure clad in red brick and glass blocks with an arcaded entrance, high ceilinged ticket hall, high-level bridge to the Jubilee and DLR platforms and a square clock tower, somewhat echoing the style of 1930s Holden stations. The District/H&C island platform has a stylish canopy with blue strip lighting which contrasts with the more basic structure on the adjacent c2c island platform. There is a reversing siding for Underground trains just to the east of the station.*

01-02-1901
London, Tilbury & Southend Railway | Jubilee Line / DLR | National Rail | Zone 2 & 3

# PLAISTOW

District Line | Hammersmith & City Line

Der ursprüngliche LTSR-Bahnhof, wo ab 1902 auch Dampfzüge der *District Railway* hielten, wurde 1905 umgebaut, als die Strecke für den elektrischen Betrieb der *District Railway* viergleisig ausgebaut wurde. An der Südseite entstand ein Backsteingebäude mit Rundbogenfenstern und -türen sowie eine eingehauste teilverglaste Überführung zu den Bahnsteigen. In der Schalterhalle sieht man eine hohe Holzdecke, in den Übergängen ist originales Mauerwerk erhalten. Auf Bahnsteigebene findet man verzierte Stützen und gusseiserne Bänke mit LTSR-Monogramm. Das Stumpfgleis an der Nordseite wurde 1959 in Betrieb genommen; hier endeten früher regelmäßig Züge der Hammersmith & City Line, heute wird es selten genutzt. Andere Vorortzüge halten in Plaistow seit 1962 nicht mehr, doch die stillgelegten Bahnsteige existieren noch.

31-03-1858 – London, Tilbury & Southend Railway — Zone 3

*Served by District Railway steam trains from 1902, the original LTSR station was rebuilt when the line was quadrupled for the commencement of District electric services in 1905. A new red brick ticket hall with arched windows and doors was constructed to the south of the tracks together with an enclosed overbridge to the platforms. The ticket hall has a high timber ceiling, and the overbridge and staircases have original brickwork and attractive part-glazed roofs. Interesting features at platform level include canopies with decorative support brackets and cast-iron framed benches with the LTSR monogram. The bay road on the eastbound platform opened in 1959 and was previously a regular terminating point for H&C Line trains but now sees little use. British Railways' services ceased calling at Plaistow in 1962 but the disused former mainline platforms still exist.*

# UPTON PARK

District Line | Hammersmith & City Line

Die ursprüngliche LTSR-Station verschwand 1903/04 im Zuge des viergleisigen Ausbaus der Strecke im Hinblick auf den elektrischen Betrieb auf der *District Railway* ab 1905. Das neue Eingangsgebäude aus rotem und gelbem Backstein erstreckt sich über alle vier Gleise und ähnelt dem in East Ham, nur dass die charakteristischen Schornsteine entfernt wurden. Die große Schalterhalle hat eine offene Decke mit sichtbarem Dachstuhl; die Wände sind mit braunen und weißen Kacheln verkleidet und verzierte Eisengitter teilen den Raum. Auf den Bahnsteigen sieht man Dächer mit gezackten Schürzen und Stützbügeln mit LTSR-Monogramm. Die stillgelegte Seite des ehemaligen Mittelbahnsteigs ist abgezäunt.

*The original LTSR station was replaced by the current station in 1903/04 when the line was quadrupled prior to the introduction of District Railway electric services in 1905. The substantial red and yellow brick street-level building spans all four tracks and is a similar design to that at East Ham except that its distinctive chimney stacks have been removed. The large ticket hall has an open ceiling with exposed rafters, brown and white glazed brickwork and decorative iron barrier line railings. The platforms have canopies with serrated valances and support brackets featuring the LTSR monogram. The disused mainline side of the former island platform is fenced off.*

17-09-1877 – London, Tilbury & Southend Railway — Zone 3

Hauptbahngleise (rechts) | *Mainline tracks (right)*

# EAST HAM

District Line | Hammersmith & City Line

Das Eingangsgebäude gleicht dem am Bahnhof Upton Park, weist allerdings noch die charakteristischen Schornsteine auf. Es ersetzte 1905, als die Strecke ausgebaut wurde, das ursprüngliche LTSR-Gebäude. Auf den Bahnsteigen sind verzierte Dächer und Stützen im edwardianischen Stil erhalten geblieben, stadteinwärts sind zwei alte Inschriften erkennbar, auf denen eine Tasse Tee für 2 d (zwei alte Pence vor Einführung des Dezimalsystems) angeboten wird. An der Nordseite ist das Gleisbett eines Stumpfgleises zu sehen: Hier endeten bis 1958 Züge der heutigen Linie Gospel Oak – Barking von London Overground. Vorortzüge von *British Railways* hielten hier zuletzt 1962; die südliche Kante des Mittelbahnsteigs ist seither abgezäunt.

*The street-level building is almost identical to that at Upton Park but retains its distinctive chimney stacks. It was built as a replacement for the original LTSR building when the line was quadrupled for the introduction of District Railway electric services in 1905. The platforms retain much of their Edwardian character with decorative canopies and supports, and the westbound platform features two early painted signs advertising tea at 2d (two pre-decimalisation old pence) from the days when refreshment facilities were available. The track bed of a former bay road can be seen alongside the eastbound platform; until 1958 this was served by trains from what is now London Overground's Gospel Oak to Barking Line. British Railways ceased serving East Ham in 1962 and the mainline side of the former island platform is now fenced off.*

31-03-1858 – London, Tilbury & Southend Railway | Zone 3 & 4 | Grade II

# BARKING

District Line | Hammersmith & City Line

c2c ▸ Fenchurch Street & Hammersmith & City Line ▸ Hammersmith

Barking ist ein von c2c betriebener *Network Rail*-Bahnhof. Dieser wurde in den Jahren 1959-61 im Zuge der Elektrifizierung der Hauptbahn von/nach Fenchurch Street umgebaut. Der Bahnhof hat acht Gleise und vier durch Rampen verbundene Mittelbahnsteige. An den beiden mittleren Bahnsteigen kann man bequem zwischen District/H&C Line und den Regionalzügen von c2c umsteigen; der Bahnsteig Richtung Osten verfügt außerdem über ein nach Westen versetzt angeordnetes Stumpfgleis, wo einige U-Bahn-Züge enden (die meisten H&C-Züge wenden in der Abstellanlage östlich des Bahnhofs). Das Stumpfgleis an der Nordseite wurde von der Linie Gospel Oak – Barking von London Overground genutzt, bevor diese im Juli 2022 nach Barking Riverside verlängert wurde.

*Barking is a Network Rail station managed by c2c. The current station dates from rebuilding in 1959-61 in connection with the overhead electrification of mainline services to/from Fenchurch Street. The station has eight tracks and four island platforms which are linked by a ramped subway. Cross-platform interchange between District/H&C services and c2c services is provided on the two central platforms; the eastbound platform has an additional staggered bay road for terminating Underground trains (most H&C trains reverse in Barking sidings to the east of the station). The northernmost track was used by London Overground's Gospel Oak – Barking service until it was extended to Barking Riverside in July 2022.*

13-06-1854
London, Tilbury & Southend Railway

Overground
National Rail

Zone 4

Grade II

District Line ▸ Richmond & London Overground ▸ Barking Riverside

# BARKING

District Line | Hammersmith & City Line

Die denkmalgeschützte Schalterhalle, entworfen vom *British Railways*-Architekten H.H. Powell und angeblich inspiriert von Roma Termini, ist eine Betonkonstruktion mit vorspringendem Zickzackdach und einer großflächig verglasten Fassade. Der Innenbereich ist heute durch Läden und Werbetafeln ziemlich entstellt, auch wenn die hohe Halle immer noch ein Gefühl von Weitläufigkeit vermittelt; es gibt die Absicht, die Halle zu entrümpeln, um den ursprünglichen Eindruck wiederherzustellen.

*The listed booking hall, designed by British Railways architect H.H. Powell, and said to be inspired by Roma Termini, is a modernist concrete structure with projecting zigzag roof and extensively glazed elevations. The interior is now somewhat disfigured by shop units and advertisements, but the double-height hall still has a sense of space and plans exist to declutter and restore the original open layout.*

# UPNEY

District Line

LMS nahm den Bahnhof Upney mit Verlängerung der *District Railway* von Barking nach Upminster in Betrieb. Wie andere Bahnhöfe dieses Abschnitts erhielt er über den Gleisen der District Line ein funktionales einstöckiges Eingangsgebäude mit einer dunklen Backsteinfassade, einem Flachdach mit Brüstung sowie einem weißen Betonvordach. Auf dem Dach befindet sich ein an einem Mast befestigtes U-Bahn-Rondell. Wie an den Bahnhöfen Dagenham Heathway und Elm Park führt eine eingehauste Rampe von der Schalterhalle zu einem 210 m langen Mittelbahnsteig, von dem etwas mehr als die Hälfte überdacht ist und genutzt wird, während der Rest abgezäunt ist.

*The LMS opened this station for the extension of District Railway services from Barking to Upminster. As with other stations on the Upminster extension, it has a functional single-storey street-level building situated above the District Line tracks in dark red brick with a flat roof surrounded by a parapet wall and a white projecting entrance canopy. There is a pole-mounted roundel sign on the roof. As at Dagenham Heathway and Elm Park, an enclosed ramp leads down from the ticket hall to a 210 m long island platform, over half of which is covered and in use, while the rest is unused and fenced off.*

12-09-1932 – London, Midland & Scottish Railway

Zone 4

# BECONTREE

District Line

LMS eröffnete 1926 eine Haltestelle auf der Linie von Fenchurch Street nach Shoeburyness, um den „Becontree Estate", eine große soziale Wohnsiedlung mit 27.000 Häusern im Cottage-Stil, die zwischen 1921 und 1935 gebaut wurden, anzuschließen. Die Station wurde 1932 umgebaut und bekam zusätzliche Bahnsteige auf den nun elektrifizierten Vorortgleisen; darüber entstand ein typisches Bahnhofsgebäude aus dunklem Backstein im LMS-Stil. Seit 1961 nutzt die District Line die elektrifizierten Gleise allein. Die Züge von *British Railways* hielten ab 1962 nicht mehr an diesem Bahnhof; ein Zaun entlang des Mittelbahnsteigs trennt die Seite der District Line (stadteinwärts) von der stillgelegten Seite der Hauptbahn.

*The LMS opened a halt on its Fenchurch Street – Shoeburyness line in 1926 to serve the London County Council's Becontree Estate, a large social housing development of 27,000 cottage-style homes built between 1921 and 1935. The station was rebuilt in 1932 with additional platforms on the newly installed electrified local tracks and a typical LMS-style dark brick station building above them. The District Line became sole user of the electrified tracks in 1961 and British Railways ceased serving the station in 1962; a fence now divides the westbound District Line side of the central island platform from the disused mainline side.*

28-06-1926 - London, Midland & Scottish Railway — Zone 5

# DAGENHAM HEATHWAY

District Line

Die Station Dagenham Heathway sollte das Haupteinkaufszentrum des „Becontree Estate“ anbinden. Das typische LMS-Eingangsgebäude, wie es auch an anderen Bahnhöfen der Upminster-Verlängerung zu sehen ist, verlor seine symmetrische Form, als das südliche Drittel in den 1960er Jahren abgerissen wurde, um Platz für einen Supermarkt zu machen, der die darunterliegenden Gleise überspannte. Der Supermarkt selbst wurde um 2009 abgerissen, seine Stützpfeiler sind auf Gleisebene noch zu sehen. Eine lange, mit Holzlatten eingehauste Rampe, wie sie sonst bei der U-Bahn nur in Upney und Elm Park zu finden ist, führt hinunter zu einem langen Mittelbahnsteig mit einem teilweise verglasten Eisendach. Das stillgelegte westliche Ende ist abgezäunt.

*Dagenham Heathway was opened by the LMS to serve the Becontree Estate's main shopping centre. The station building is the standard LMS type seen elsewhere on the Upminster extension except that it is no longer a symmetrical design as the southern third of the building was demolished in the 1960s to make way for the construction of a supermarket spanning the tracks below. The supermarket was itself demolished around 2009, though its support pillars still exist at track level. A long wooden panelled enclosed ramp, as only seen elsewhere on the Underground at Upney and Elm Park, leads down to a long island platform with a part-glazed iron canopy. The disused western end of the long platform is fenced off.*

12-09-1932 – London, Midland & Scottish Railway

Zone 5

Ungenutzter Bahnsteigabschnitt | *Disused platform end*

# DAGENHAM EAST

District Line

Die Station Dagenham East wurde von der LTSR in damals unbebautem Gebiet nördlich des Dorfes Dagenham eröffnet. Sie wurde 1932 von der LMS im Zuge des viergleisigen Ausbaus und der Elektrifizierung der *District Railway* umgebaut. Am westlichen Ende des langen Bahnsteigs der District Line Richtung Osten befindet sich außerdem ein Stumpfgleis, wo einige Züge planmäßig enden. Züge von *British Railways* hielten hier ab 1962 nicht mehr, weshalb die ungenutzte Seite des Mittelbahnsteigs jetzt abgezäunt ist. Das niedrige Eingangsgebäude aus dunklem Backstein sitzt über den Gleisen der District Line. Wie an den Stationen Becontree und Dagenham Heathway wurde das breite Vordach mit blauen Blenden versehen, die den Stationsnamen tragen.

*This station was opened by the LTSR in then open countryside to the north of Dagenham village. It was rebuilt by the LMS to allow for the quadrupling of the line and the introduction of District Railway electric services to Upminster in 1932. There is a bay road at the western end of the long eastbound District Line platform where a few trains are scheduled to terminate. British Railways ceased serving the station in 1962 and the disused mainline side of the former island platform is now fenced off. The low dark brick station building sits above the District Line tracks. As at Becontree and Dagenham Heathway, the wide entrance canopy has been fitted with blue fascia panels bearing the station name.*

01-05-1885 – London, Tilbury & Southend Railway — Zone 5

# ELM PARK

District Line

Elm Park war die letzte Station, die auf der District Line eröffnet wurde; sie wurde vom Investor der „Elm Park Garden City" mitfinanziert, einer mit 7000 Häusern geplanten Siedlung, auch wenn aufgrund des Ausbruchs des Zweiten Weltkriegs nur 2600 Häuser gebaut wurden. Nach dem Krieg fand hier sozialer Wohnungsbau statt. Das Eingangsgebäude unterscheidet sich von anderen LMS-Stationen auf der Upminster-Verlängerung dadurch, dass sein Flachdach keine gemauerte Brüstung aufweist, sondern direkt in das Vordach mit seinen abgerundeten seitlichen Enden übergeht. Es befindet sich über den Gleisen der District Line und wie bei Upney und Dagenham Heathway führt eine eingehauste Rampe zu einem langen Mittelbahnsteig, dessen westlicher Teil ungenutzt ist.

*Elm Park, the last station to open on the District Line, was part-funded by the developer of Elm Park Garden City, a planned estate of 7,000 houses for private sale, though only 2,600 houses were built due to the onset of WW2. After the war, the remainder of the estate was developed for social housing. The station building differs from other LMS stations on the Upminster extension in that its flat roof lacks a brick parapet wall and instead extends forward to form a full width entrance canopy with curved ends. It is situated on a road bridge above the District Line tracks and, as at Upney and Dagenham Heathway, an enclosed ramp leads to a long island platform, the western part of which is unused.*

13-05-1935 – London, Midland & Scottish Railway

Zone 6

Die ursprüngliche LTSR-Station auf der Linie Fenchurch Street – Shoeburyness lag etwa 1 km südlich von Hornchurch in damals noch unbebautem Gebiet. Die Umgebung des Bahnhofs wurde in den Zwischenkriegsjahren bebaut und die Station 1932 von der LMS im Zuge des Ausbaus der Strecke nach Upminster umgebaut. Das Eingangsgebäude befindet sich über den Gleisen der District Line und ähnelt dem an den Stationen Becontree, Dagenham East und Dagenham Heathway, außer dass hier das Vordach im Originalzustand ohne die blaue Beschilderung erhalten ist. Züge von *British Railways* hielten ab 1962 nicht mehr in Hornchurch, die Station ging 1969 ins Eigentum von *London Underground* über. Die ungenutzte Seite des Mittelbahnsteigs ist heute abgezäunt.

*The LTSR opened this station in open countryside to serve the town of Hornchurch which lies 1 km to the north of its Fenchurch Street – Shoeburyness line. The surrounding area was developed for suburban housing during the interwar years and the station was rebuilt by the LMS for the extension of District Railway electric services to Upminster in 1932. The street-level building sits above the District Line tracks and is of a similar design to those at Becontree, Dagenham East and Dagenham Heathway except that its entrance canopy remains in original condition without a blue fascia. British Railways' services stopped calling at Hornchurch in 1962 and the station passed into London Underground ownership in 1969. The former mainline side of the island platform is now fenced off.*

01-05-1885 – London, Tilbury & Southend Railway

Zone 6

# UPMINSTER BRIDGE

District Line

Die Station Upminster Bridge ist von größerem architektonischem Interesse als die anderen LMS-Stationen auf der Verlängerung der District Line nach Upminster. Das Eingangsgebäude hat einen ähnlichen rechteckigen Unterbau aus dunklem Backstein, über der Schalterhalle erhebt sich allerdings ein achteckiger Oberbau. Große Fenster und ein Oberlicht sorgen für Licht in der Schalterhalle, deren Wände mit cremefarbenen Kacheln mit roten Einfassungen verkleidet sind. Außerdem findet man hier die einzige rote Telefonzelle in einer U-Bahn-Station sowie eine in den Boden eingelassene Hindu-Swastika im Art-déco-Stil – das indische Symbol für Frieden. Ein eingehauster Übergang führt zur Treppe hinauf zum Mittelbahnsteig, wo die markanten Sitzbänke aus den 1930er Jahren mit gebogenen Enden noch in Gebrauch sind.

*This station is of more architectural interest than the other LMS stations built for the District Line extension to Upminster. Although the station building has a similar rectangular base in dark brick it is distinguished by its octagonal ticket hall which projects above the centre of the otherwise flat roof. High-level windows and a roof light provide lighting to the ticket hall which has walls clad in cream faience with red ceramic tile borders. Interesting features in the ticket hall include the only red telephone box in an Underground station and an art deco Hindu swastika - the Indian symbol for peace - in the flooring. An enclosed passageway leads from the ticket hall to the stairs up to the island platform where distinctive 1930s benches with curved ends are still in use.*

17-12-1934 – London, Midland & Scottish Railway

Zone 6

# UPMINSTER

District Line

Upminster, die östliche Endstation der District Line, ist ein von c2c betriebener *Network Rail*-Bahnhof. Die LMS fügte für die Verlängerung der District Line von Barking im Jahr 1932 nördlich der ursprünglichen LTSR-Station weitere Gleise hinzu – heute besitzt der Bahnhof zwei Hauptbahngleise (plus ein Stumpfgleis), drei Gleise für die District Line, die weiter nach Osten zum Betriebshof Upminster führen, sowie ein Stumpfgleis für die Linie Romford – Upminster von London Overground. Die LMS errichtete über dem westlichen Ende der Bahnsteige auf der Straßenbrücke ein einstöckiges Eingangsgebäude im dunklen Backsteinstil wie bei den anderen Stationen der Upminster-Verlängerung, doch ist davon heute nichts mehr zu erkennen. Das ursprüngliche LTSR-Bahnhofsgebäude aus rotem Backstein an der Südseite wird heute noch als Nebeneingang genutzt. Am östlichen Ende sind die drei Mittelbahnsteige durch eine nicht überdachte Fußgängerbrücke miteinander verbunden.

*Upminster, the eastern terminus of the District Line, is a Network Rail station managed by c2c. The LMS constructed additional tracks to the north of the original LTSR station to accommodate the extension of District Line services from Barking in 1932; today, the station has two main line tracks (plus a bay road), three District Line tracks (which extend beyond the east end of the station to Upminster depot) and a single bay track for London Overground's Romford – Upminster shuttle. The LMS also built a new single-storey main entrance building on the road bridge above the western end of the tracks in the same dark brick style as its other stations on the Upminster extension. However, subsequent modernisation work has largely obliterated its original appearance. The original red brick LTSR station buildings alongside the main line remain in use as a side entrance. The three island platforms are also linked by an uncovered footbridge at the eastern end.*

01-05-1885 – London, Tilbury & Southend Railway

Overground National Rail

Zone 6

## BAHNHOFSVERZEICHNIS | *STATION INDEX*



* Zusatz später weggelassen | *suffix later omitted* ** Artikel später weggelassen | *prefix later omitted*

## QUELLEN UND WEITERFÜHRENDE LITERATUR | *REFERENCES AND FURTHER READING*

Denjenigen, die sich eingehender mit dem Thema befassen möchten, stehen (in englischer Sprache) unzählige Bücher über die Londoner U-Bahn, Eisenbahnen und Straßenbahn zur Verfügung. Eine Liste finden Sie unter
www.robert-schwandl.de/britain/booklist.htm
Zu den Büchern, die sich insbesondere mit den Bahnhöfen der Londoner U-Bahn beschäftigen, gehören:

*For those wishing to explore the subject in more depth, many detailed books have been written about London's Underground, railway and tram systems and a list of publications can be found at*
*www.robert-schwandl.de/britain/booklist.htm*
*Publications dealing specifically with London Underground stations include the following:*


David Leboff: **London Underground Stations** – Ian Allan Ltd, 1994, ISBN 0-7110-2226-7
David G. Lawrence: **Underground Architecture** – Capital Transport Publishing, 1994, ISBN 1-85414-160-0
Jason Cross: **A to Z of London Underground Stations** – Train Crazy Publishing, 2019, ISBN 978-1-907648-26-7
Stephen Durnin: **London Underground Stations** – Capital Transport Publishing, 2010, ISBN 978-1-85414-339-6
Antony Badsey-Ellis: **Underground Heritage** – Capital History, Second Edition 2016, ISBN 978-1-85414-405-8
**Underground News** (ISSN 0306-8617)
– Zeitschrift der London Underground Railway Society, mit Meldungen über Umgestaltungen von U-Bahnhöfen
*– the magazine of the London Underground Railway Society, includes updates on changes to London Underground stations*

# GREATER LONDON

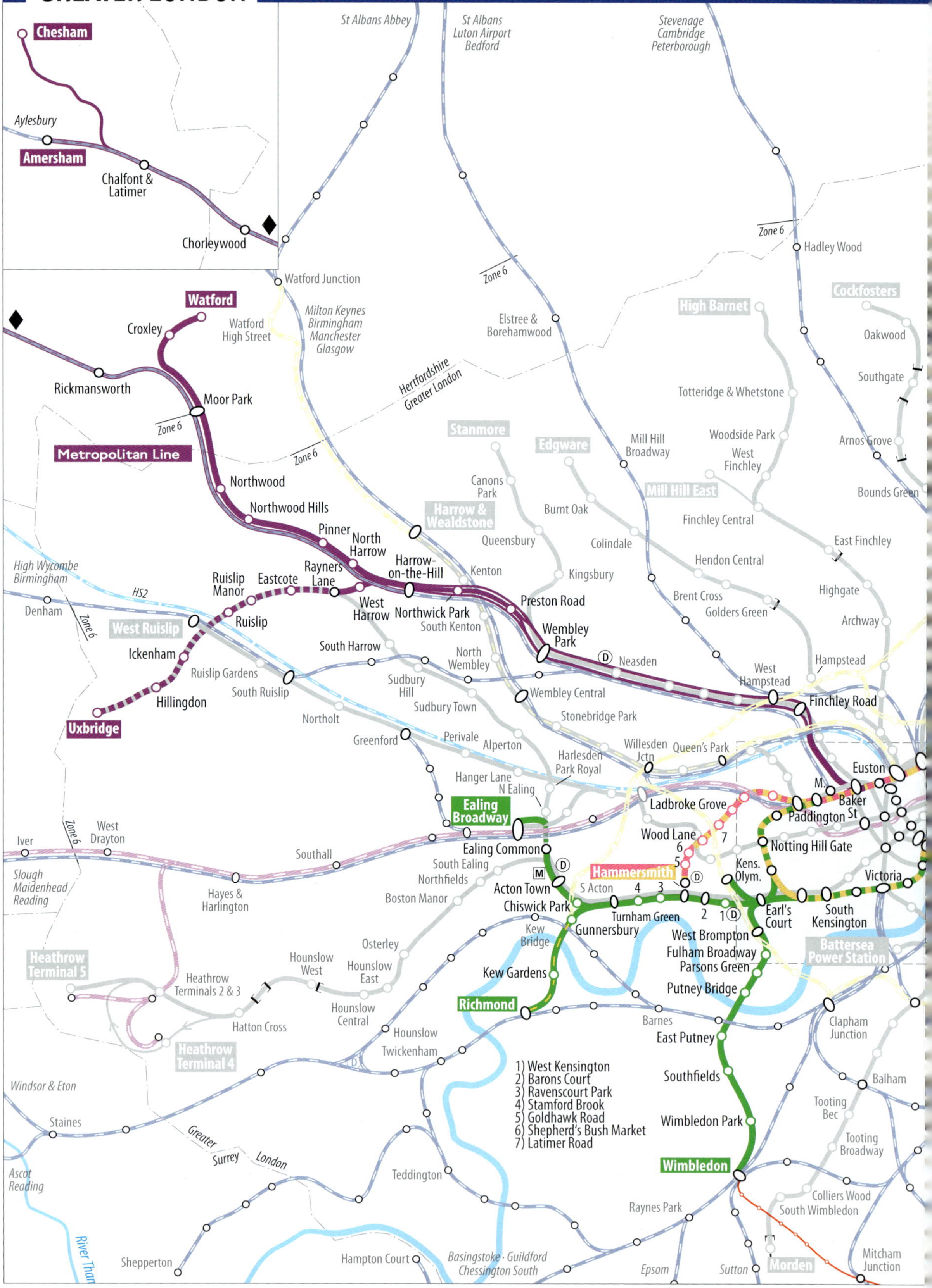

London Underground Subsurface Lines
Circle Line
Hammersmith & City Line
Metropolitan Line
District Line
Stevenage
Stansted Airport
Cambridge
Cheshunt
Epping
Zone 6
Crews Hill
Theydon Bois
Enfield Town
Debden
Essex
Greater London
Loughton
Chingford
Buckhurst Hill
Chigwell
Roding Valley
Woodford
Grange Hill
Hainault
Shenfield
Southend
Norwich
Fairlop
Harold Wood
Wood Green
Turnpike Lane
South Woodford
Tottenham Hale
Seven Sisters
Barkingside
Blackhorse Road
Walthamstow Central
Snaresbrook
Redbridge
Newbury Park
Romford
Wanstead
Gants Hill
Leytonstone
Manor House
Upminster
Upminster Bridge
Finsbury Park
Leyton
Hornchurch
Dalston Kingsland
Dagenham East
Elm Park
Tilbury
Southend
Highbury & Islington
Stratford
Barking
Becontree
East Ham
Upton Park
Upney
Dagenham Heathway
King's Cross St. Pancras
Plaistow
West Ham
Mile End
Bromley-by-Bow
Liverpool St
Stepney Green
Bow Road
Barking Riverside
Whitechapel
Canning Town
Beckton
Custom House
River Thames
London Bridge
Canary Wharf
North Greenwich
Woolwich
Wat.
Elephant & Castle
Canada Water
Abbey Wood
Woolwich Arsenal
Tilbury
Kennington
Greater London
Kent
Paris
Brussels
158-159
New Cross
Greenwich
Stockwell
Lewisham
Peckham Rye
Gravesend
Brixton
Hither Green
Herne Hill
Dartford
Tulse Hill
Tube Line
London Overground*
Elizabeth Line
National Rail
Channel Tunnel Rail Link (HS1) & HS2
Grove Park
D Betriebshof | Depot
M Transport Museum Depot
Crystal Palace
Docklands Light Railway
Tram
Beckenham Junction
Bromley North
Chislehurst
Canterbury
Dover
* abschnittsweise im Mischverkehr mit National Rail-Zügen
including sections shared with National Rail services
Gatwick
Brighton
Elmers End
Bromley South
Orpington
Sevenoaks

# CENTRAL LONDON

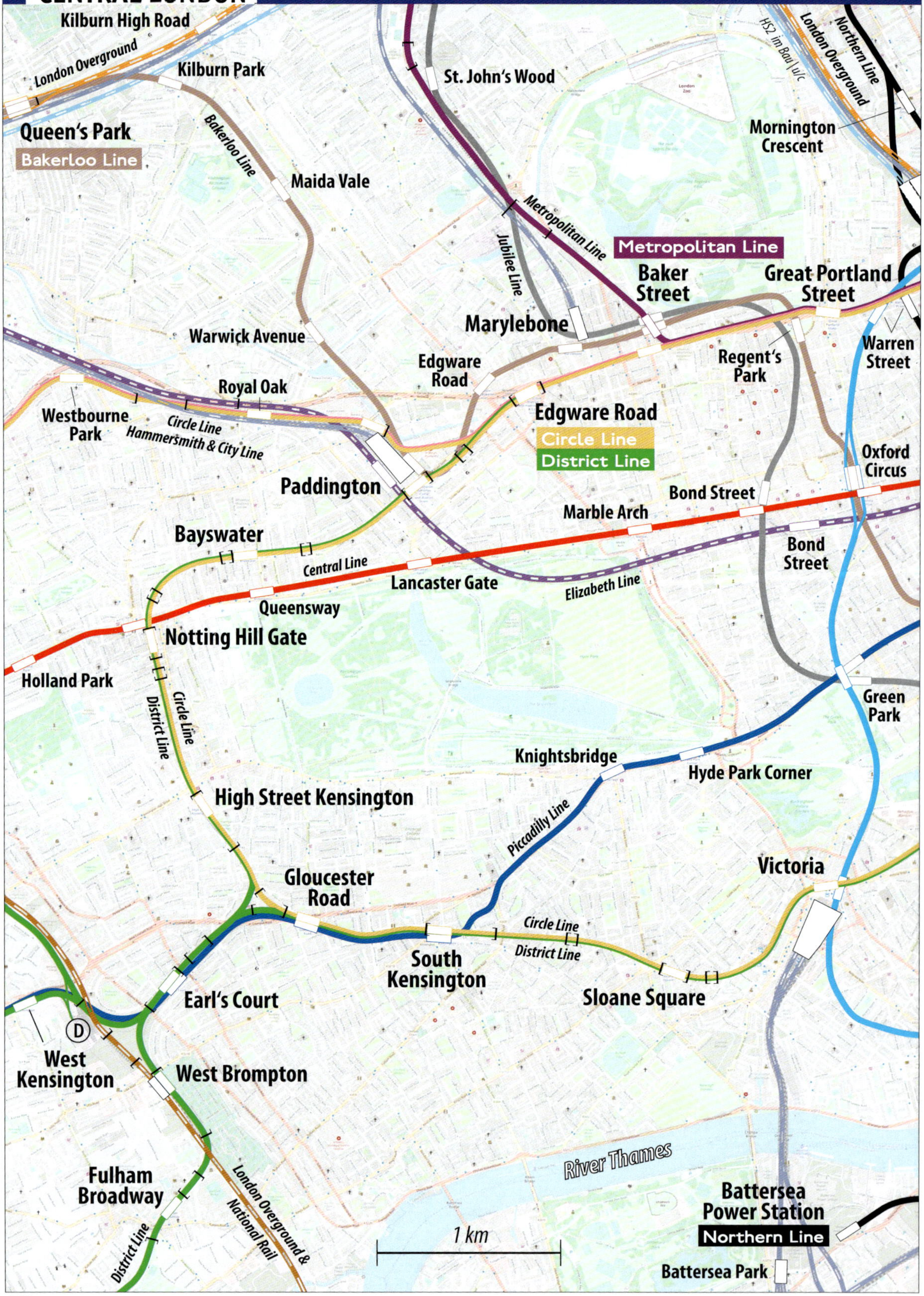

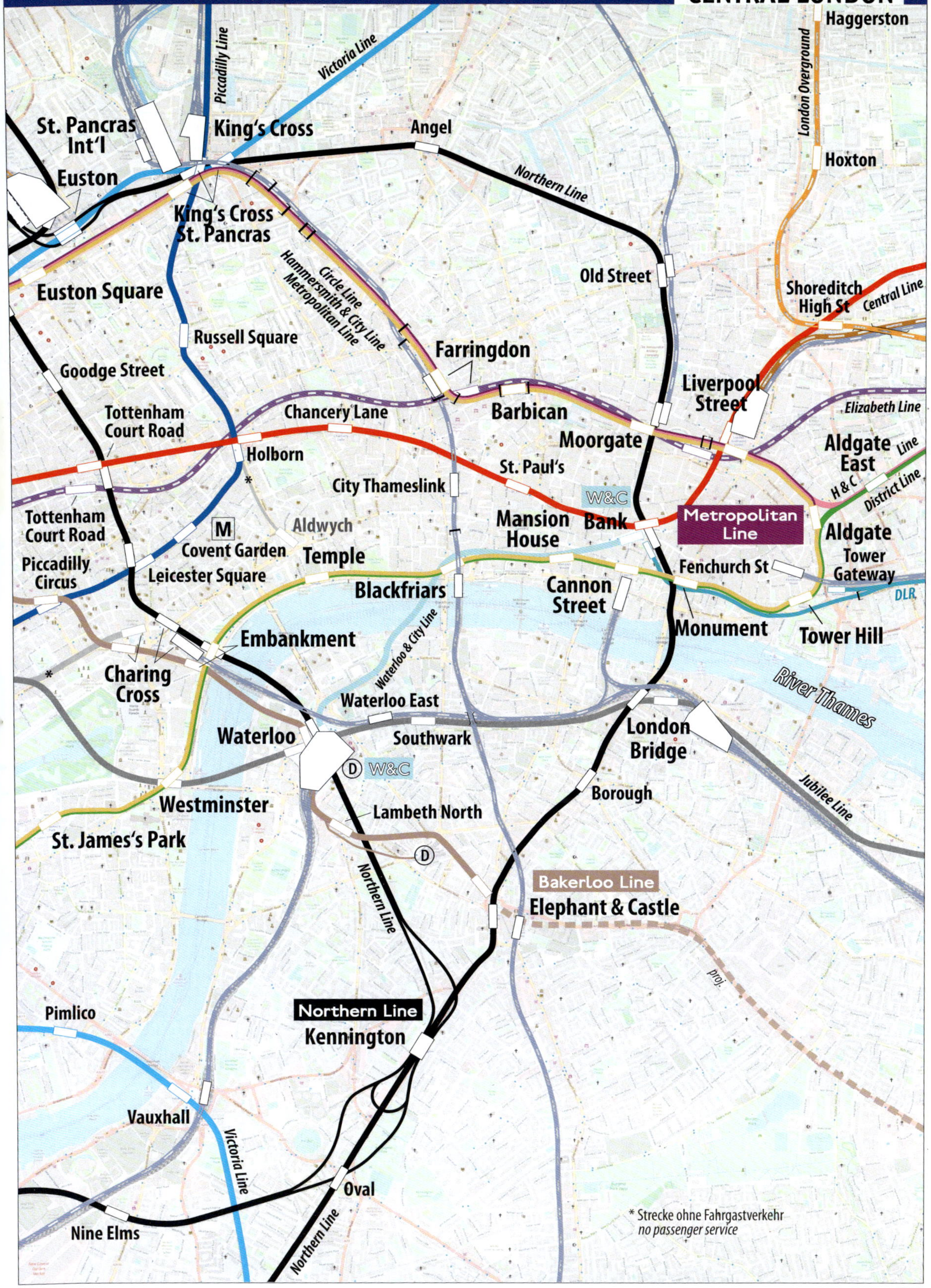
Haggerston
London Overground
Hoxton
Piccadilly Line
Victoria Line
St. Pancras Int'l
King's Cross
Angel
Euston
Northern Line
King's Cross St. Pancras
Circle Line
Hammersmith & City Line
Metropolitan Line
Old Street
Euston Square
Shoreditch High St
Central Line
Russell Square
Goodge Street
Farringdon
Liverpool Street
Elizabeth Line
Tottenham Court Road
Chancery Lane
Barbican
Moorgate
Aldgate East
Line
H&C
District Line
Holborn
St. Paul's
City Thameslink
W&C
Tottenham Court Road
M
Aldwych
Mansion House
Bank
Metropolitan Line
Aldgate
Piccadilly Circus
Covent Garden
Temple
Leicester Square
Fenchurch St
Tower Gateway
Blackfriars
Cannon Street
DLR
Monument
Tower Hill
Embankment
Waterloo & City Line
Charing Cross
River Thames
Waterloo East
Southwark
London Bridge
Waterloo
D
W&C
Borough
Jubilee Line
Westminster
Lambeth North
St. James's Park
D
Bakerloo Line
Elephant & Castle
Northern Line
proj.
Pimlico
Northern Line
Kennington
Vauxhall
Victoria Line
Oval
Nine Elms
Northern Line
* Strecke ohne Fahrgastverkehr
no passenger service

# Robert Schwandl Verlag

## London Underground Album - Trilogy

**Band 2 & 3 | Vol. 2 & 3**

Umschlagentwurf | *Tentative cover design*

## U-Bahn, S-Bahn & Tram in London

**London Underground - Docklands Light Railway - London Overground - National Rail - London Trams**

Die britische Hauptstadt bietet Freunden des städtischen Schienennahverkehrs viel mehr als die weltweit bekannte „Underground" bzw. „Tube". Als „Overground" verkehrt eine Art S-Bahn, doch fast genauso dicht ist das übrige Netz an meist radialen Vorortlinien. Manche davon sind nun in die „Elizabeth Line" (Crossrail) integriert. Dazu kommen die fahrerlose „Docklands Light Railway" sowie in Croydon, im Süden von Greater London, eine Straßenbahn, die teils ehemalige Bahnstrecken nutzt. Der Londoner Autor Andrew Phipps gibt einen Überblick über die Entstehungsgeschichte aller Schienenverkehrsmittel sowie über die dort eingesetzten Fahrzeuge. Am Ende des Buchs findet der Leser detaillierte Netzpläne des gesamten Großraums von London, in dem rund 9 Mio. Menschen leben.

*The British capital has much more to offer urban rail enthusiasts than just the world-famous 'Underground' or 'Tube'. There is also the 'Overground' which provides an S-Bahn-style service. It is complemented by a series of radial suburban lines, some of which are now part of the 'Elizabeth Line' (Crossrail). In addition, there is the driverless 'Docklands Light Railway' as well as a tram system that serves Croydon in South London. London-based author Andrew Phipps presents every means of urban rail transport, giving an overview of the respective history of each system and the vehicles used. At the end of the book, the reader will find detailed maps of the entire Greater London area, which is home to some nine million people.*

05/2021, 160 Seiten | pages, detailierte Netzpläne | detailed network maps, ca. 300 Farbfotos | colour photos, Text deutsch & English
ISBN 9783936573619

## Außerdem erhältlich | Also available:

**... und mehr ... and more ...**

**Robert Schwandl Verlag, Hektorstraße 3, 10711 Berlin**
**Tel. +49 (0) 30 - 3759 1284, Fax +49 (0) 30 - 3759 1285**
**books@robert-schwandl.de - www.robert-schwandl.de**